创业型大学视域下
农林本科院校转型的路径及策略研究

张庆祝　著

上海交通大学出版社

SHANGHAI JIAO TONG UNIVERSITY PRESS

内容提要

开展创业型大学研究，探索适合部分大学发展的新路径，激发大学的创新创业活力，是贯彻落实创新驱动发展战略、服务创新型国家建设的现实需要，是应对高等教育内外部环境变化、深化高等教育领域综合改革的内在要求。本书从创业型大学建设的基础理论研究入手，并试图与农林本科院校转型发展相结合，希望为农林院校的发展提供一种新思路，为提升农林本科院校的科技创新能力，提高服务农业现代化水平做出新探索。

图书在版编目（ＣＩＰ）数据

创业型大学视域下农林本科院校转型的路径及策略研究 / 张庆祝著 . -- 上海：上海交通大学出版社，2022.11
ISBN 978-7-313-25610-2

Ⅰ．①创… Ⅱ．①张… Ⅲ．①农业院校—教育改革—研究—中国 Ⅳ．① S-40

中国版本图书馆 CIP 数据核字 (2021) 第 208397 号

创业型大学视域下农林本科院校转型的路径及策略研究

CHUANGYEXING DAXUE SHIYU XIA NONGLIN BENKE YUANXIAO ZHUANXING DE LUJING JI CELÜE YANJIU

著　　者：张庆祝
出版发行：上海交通大学出版社　　　　　　　地　　址：上海市番禺路 951 号
邮政编码：200030　　　　　　　　　　　　　电　　话：021-64071208
印　　刷：广东虎彩云印刷有限公司　　　　　经　　销：全国新华书店
开　　本：710mm×1000mm　1/16　　　　　印　　张：17.5
字　　数：156 千字
版　　次：2022 年 11 月第 1 版　　　　　　　印　　次：2022 年 11 月第 1 次印刷
书　　号：ISBN 978-7-313-25610-2
定　　价：128.00 元

前　　言

习近平总书记在给全国涉农高校的书记、校长和专家代表的回信中强调，中国现代化离不开农业农村现代化，农业农村现代化的关键在科技、在人才。新时代，农村是充满希望的田野，是干事创业的广阔舞台，我国高等农林教育大有可为。

目前，农业领域急需在优化农业结构、转变农业发展方式、促进农民增收、建设新农村等方面迈出新的步伐。传统农业向现代农业的发展，归根结底是顺应农业科技革命要求，加强科技创新的结果。所以，农林院校在解决"三农"问题中的作用与日俱增。农林院校的核心价值是"以农为本，育才兴农"，顺应"三农"工作新要求，研究如何发挥农林院校的智力优势和科研资源，集中解决区域农业发展中的关键问题，探索如何以项目管理为目标，建立综合的研究中心，引进市场机制，引导科研人员、教师和学生共同参与农业领域的创新创业，借农业产业升级的东风，促进农业和农林院校共同发展。研究探索农林本科院校向创业型大学的转型发展，就是立足于改善学校办学体制机制，激发农林院校师生服务"三农"的热情；立足于建立农林院校与农业更加深入的联系，加快农业科技成果的转化，形成规模效益；立足于建立政府、产业、高校的协同机制，营造更加有效的创新创业氛围，为推动农业现代化建设贡献力量。

2019 年 12 月 5 日，新农科建设北京指南工作研讨会在中国农业大学召开。会议研究了新农科建设发展举措，提出了新农科改革实践方案，推出了新农科建设"北京指南"。毫无疑问，"新农科"建设将成为引领高等农林院校改革发展的行动指南。中国农业大学党委书记姜沛民指出，农林高校作为新农科建设的践行者，一要创新组织模式；二要创新学科布局；三要创新专业结构；四要创新培养体系。总之，"新农科"建设的本质是改革现有农林院校的组织模式，并在学科专业、人才培养、服务社会等多个方面开展系统创新，以适应新时代农业现代化的发展要求。创业型大学作为一种全新的大学发展理念，是基于高校组织变革，全面融入产业发展，强调高校的成果转化，创新创业人才培养提出的，在理念上与"新农科"的发展目标高度契合。因此，开展农林院校向创业型大学转型研究，可以强化农林院校"新农科"建设模式的理论探索。创业型大学视域下的农林本科院校转型探索，是在对创业型大学做普遍性研究的基础上，重点选取农林本科院校作为研究对象，从行业性地方院校转型发展，适应经济社会发展新常态的视角，探讨农林本科院校发展成为创业型大学的可能性及发展路径。将创业型大学自身携带的创新创业的基因植入农林院校后，必将提高院校发展的自觉性、改革的坚定性、发展的可持续性，从而为农林本科院校的发展提供新思路。

本书力图在以下方面有所创新和突破：

第一，将创业型大学分为创新性创业型大学和应用性创业型大学两种类型，建立应用性创业型大学的创业模型，提出应用性创业型大学发展模式。

根据学术资源的尖端性和应用性两个维度及其强弱组合，创业型大学可分为两类：利用尖端—应用性学术资源转化为学术资本的创业型大学为创新性创业型大学；利用普通—应用性学术资源转化为学术资本的创业型大学称为应用性创业型大学。本书根据 Timmons 的创业理论，建立应用性创业型大学的创业模型，从创业机会、创业资源、创业团队三个维度，提出了应用性创业型大学发展模式。

第二，为农林本科院校向应用性创业型大学转型发展构建基本模式，提出了推进转型发展的具体策略和制度保障。

根据应用性创业型大学发展模式研究的成果，结合农林本科院校的自身特点，从组建创业团队、寻找创业机会、激活创业资源三个方面，构建农林本科院校向创业型大学转型的基本模式；从转变发展理念、改造组织结构、突显创业特征、推动教师转型、促进文化融合五个方面，提出了推进转型发展的具体策略；提出转型发展要遵循的整体性、动态性、开放性原则；从外在和内在制度建设两方面，给出了保障转型成功的制度建设内容。

第三，从生态位视角论述农林本科院校向创业型大学转型的必要性和适切性，指出转型发展是农林本科院校实施生态分离和关键生态位策略的战略选择。

农林本科院校由于泛化发展，在高等教育系统中与其他类型院校生态位重叠现象突出，在激烈竞争中处于劣势；农林本科院校要在激烈的院校竞争中脱颖而出，就要实施生态位分离策略和关键生态策略；农林本科院校向应用性创业型大学转型发展，符合生态位分离策略和关键生态位策略的目标要求，是巩固生态位的现实需要，是实现生态位跃迁的历史要求，是在适应基础上的超越。

本书在编写过程中得到了李志义教授的耐心指导，得到了刘铸研究员的大力支持，本书得以付梓还要感谢宋秋前教授的鼎力帮助。在此，向他们表示衷心的感谢。

CONTENTS

第 1 章

绪　　论

1.1　研究的背景及问题的提出

创业型大学是 20 世纪中后期在欧美发达国家出现的一种大学发展新模式。知识经济的出现和高等教育生存环境的改变，在欧美催生了一批具有强烈变革创新精神的大学。它们以创新与企业家精神为灵魂，突破传统办学模式，延长知识的生产链条，重视创新创业人才培养，重视科研成果的商业化与产业化，不仅实现了自身的跨越式发展，而且成为区域乃至国家创新发展的重要推动力量。创业型大学作为一种全新的发展理念和实践模式，不仅引起了理论界的广泛关注，在办学实践上也进行了许多次成功的探索。新加坡南洋理工大学、我国的福州大学和浙江农林大学等院校学习欧美创业型大学的成功经验，并在实践中进一步丰富了创业型大学的内涵。创业型大学由于顺应了知识经济的需要，呈现出越来越强大的生命力。目前，我国正全面实施创新驱动发展战略，推进"大众创业，万众创新"，教育领域正在推动深化教育综合改革。因此，研究创业型大学的特征和发展模式、探索创业型大学建设路径、激发大学的创新创业活力，是贯彻落实创新驱动发展战略、服务创新型国家建设的现实需要，同时也是应对高等教育内外部环境变化、深化高等教育综合改革的内在要求。

1.1.1 创新型国家建设的现实需要

党的十八大报告提出实施创新驱动发展战略，强调科技创新是提高社会生产力和综合国力的战略支撑，必须摆在国家发展全局的核心位置。高等教育是科技第一生产力和人才第一资源的重要结合点，大学是科技创新的重要力量，是国家创新体系的重要组成部分，有责任回应国家的发展战略，为科技创新和创新型国家建设提供智力支持和人才保障。

高校创新能力与社会需要还有很大差距。高校有着比较完整系统的专业学科体系分布，有着丰富的支撑科技创新的各类资源，每年创造各类科技成果多达1万项，每年培养不同层次的毕业生900多万人。然而，我国高校科技成果能转化为现实生产力的只占总数的15%~20%，与发达国家60%~80%的水平相差甚远。目前，美国等国家大学生创业比重达到20%~30%，而我国不足4%。

我国大学创新创业型人才培养的力量亟待加强。科技创新的带动作用还有着巨大的发展潜力。《高等学校创新能力提升计划实施方案》(教技〔2012〕7 号)明确要求大学要按照"国家急需、世界一流"的要求,"发挥高校多学科、多功能的优势,积极联合国内外创新力量,有效聚集创新要素和资源,构建协同创新的新模式,形成协同创新的新优势……加快高校机制体制改革,转变高校创新方式,集聚和培养一批拔尖创新型人才,产出一批重大标志性成果……在国家创新发展中做出更大的贡献。"《中共中央 国务院关于深化体制机制改革加快实施创新驱动发展战略的若干意见》提出,加快实施创新驱动发展战略,就是要使市场在资源配置中起决定性作用和更好发挥政府作用,破除一切制约创新的思想障碍和制度藩篱,激发全社会创新活力和创造潜能,提升劳动、信息、知识、技术、管理、资本的效率和效益,强化科技同经济对接、创新成果同产业对接、创新项目同现实生产力对接、研发人员创新劳动同其利益收入对接,增强科技进步对经济发展的贡献度,营造大众创业、万众创新的政策环境和制度环境。《意见》既是实施创新驱动发展战略的号召书,又是落实创新驱动发展战略的路线图。创业型大学强调创新导向、市场作用,注重创新创业文化的牵引,倡导组织的变革,加强与政府和社会等校外资源的协同作用,这与《意见》的要求有着高度的契合。对创业型大学本质的研究和发展机制的剖析,将会为大学提高科技创新能力,成为创新驱动发展的生力军和创新型国家建设的主力军提供重要的理论支撑。

1.1.2 高等教育综合改革的内在要求

潘懋元先生提出的高等教育内外部关系规律告诉我们，高等教育的健康发展是适应外部和内部规律发展的结果。教育家阿什比认为，大学是遗传和环境的产物。目前，高等教育的外部环境和内部环境正在发生深刻的变化，今天的大学正站在新的环形路口，面临着诸多机遇和挑战，需要做出新的战略选择。

高等教育外部环境正在发生深刻变化。在政治方面，党的十九大报告提出中国特色社会主义进入新时代。在经济方面，我国经济发展进入新常态，具体说就是经济增长速度正从高速增长转向中高速增长，发展方式正从规模速度型粗放增长转向质量效率型集约增长，经济结构正从增量扩能为主转向调整存量、做优增量并举的深度调整，发展动力正从要素驱动、投资驱动转向创新驱动。在文化方面，目前，我国要建设社会主义文化强国，增强国家文化软实力，培育和践行社会主义核心价值观。在科技方面，我国正面临全球新一轮科技革命与产业变革的重大机遇和挑战。在人口结构方面，我国高等教育适龄人口逐年呈现下降趋势。2008 年高考报名人数是 1050 万人，因为计划生育政策等原因，高等教育适龄人口基数在迅速下降，2013 年高考报名人数下降到了 912 万人。中国特色社会主义进入新时代，社会主要矛盾转变为人民日益增长的美好生活需要和不平衡不充分的发展之间的矛盾。这一重大的政治论断要求大学要主动顺应社会主要矛盾的变化，适应深化发展的大势，加快推进高等教育综合改革，实现教育治理能力和治理体系的现代化，全面提高教育质量，满足国家和人民对优质高等教育需求；经济的新常态要求大学要服务国家产业结构调整、经济生产方式转变的需要，在人才培养、科学研究等方面提供智力支撑，全面提高对创新驱动的贡献度。同时，经济增速的调整，将进一步提高绩效管理在高教管理中的应用，更加强调大学职能履行的成效，并在评估、招生指标、拨款等方面加大优秀与普通的区分度，加速高等教育的分化调整。文化强国建设和国家文化软实力建设，不仅要求大学肩负起文化的引领和传承的重任，还要成为先进文化的策源地和辐射源。在新一轮的科技革命和产业变革中抢占先机，是确保中国可持续发展、实现伟大复兴的中国梦的重要条件。随着移动互联网、工业 4.0、大数据时代的来临，在科技革命的冲击下，大学将越来越成为社会发展的轴心，必将在办学理念、办学模式等方面发生转变。人口结构的变化将直接影响着高等教育的总体布局，一些办学特色不明显、社会认可度不高、自身基础薄弱的大学将面临退出高等教育市场的风险。

目前，高等教育内部呈现许多新特点。首先，我国大学已经进入多元化发展时期。根据 2016 年全国教育事业发展统计公报，全国高等教育各类在校学生总规模达到 3699 万人，高等教育毛入学率达到 42.7%。按照美国社会学家马丁·特罗教授的观点，我国正处在由高等教育大众化向普及化方向发展阶段。高等教育的教育对象越来越趋向多元化，高等教育不再仅仅是培养精英人才，也不再仅仅是传授和生产高深知识。各大学开始遵循市场规律和要求，重新进行发展定位，逐步走上特色发展之路。我国的高等教育呈现出精英教育和大众教育并存的二元结构，开启了多层次、多规格、多元化的新时代。此外，高等教育全面推进综合改革，进入了深度调整期。《关于进一步落实和扩大高校办学自主权完善高校内部治理结构的意见》(教改办〔2014〕2 号)、《教育部关于深入推进教育管办评分离促进政府职能转变的若干意见》(教政法〔2015〕5 号) 等文件明确了高校在办学方面的主体地位以及高校、政府、社会在高等教育管理和发展中的各自地位，为解放高校办学活力奠定了制度基础。《国务院办公厅关于深化高等学校创新创业教育改革的实施意见》要求把深化高校创新创业教育改革作为推进高等教育综合改革的突破口，到 2020 年，我国要建立健全课堂教学、自主学习、结合实践、指导帮扶、文化引领融为一体的高校创新创业教育体系，人才培养质量显著提升，学生的创新精神、创业意识和创新创业能力明显增强，投身创业实践的学生数量显著增加。《中共中央国务院关于深化体制机制改革加快实施创新驱动发展战略的若干意见》对高校的科研体制、分配制度改革做了具体部署。大学将越来越以它独立的姿态发挥作用，将顺应甚至是引领新的变革，并将在与经济和社会的碰撞和融合中形成新的发展范式，产生新的发展理念。创业型大学作为高校发展的一种类型，有其特有的内涵和特征。国内外的理论研究和成功的办学实践，使高等教育改革者对它赋予了更多的期待。面对新的机遇和挑战，走创业型大学建设之路将成为部分大学深化综合改革的战略选择。2008 年，时任清华大学党委书记陈希提出，正在兴起的创业型大学的理念和模式，促进并引领了世界高等教育的发展。在 2015 年全国两会上，第十二届全国人大代表、中科院院士、南京大学校长陈骏建言，教育行政主管部门要通过扶持政策，引导建立"创业型大学"。长期从事高等教育的专家、民盟中央副主席徐辉认为，在"十三五"期间，高等教育应该创造环境，让更多的"创业型大学"涌现出来。教育部教育发展研究中心副主任马陆亭坦言，创业教育孕育于创业型大学，创业型大学建设将成为地方本科高校转型发展的一条重要路径。

1.2 研究的意义

1.2.1 现实意义

有利于探索农林本科院校向创业型大学转型的路径，推动农林院校在服务农业现代化中实现新发展。本书在对创业型大学做普遍性研究的基础上，重点选取农林本科院校作为研究对象，从行业性地方院校转型发展，适应经济社会发展新常态的视角，探讨农林本科院校发展成为创业型大学的可能性及发展路径。首先，我国农业正处在从传统农业向现代农业转型的重要时期，为农林院校转型发展提供了极佳的战略机遇期。现代农业是高产、优质、高效、生态、安全的农业，发展现代农业主要体现为用现代物质条件装备农业，用现代科学技术改造农业，用现代经营方式推进农业，用现代发展理念引领农业，用现代新型农民从事农业。传统农业向现代农业的转型是改变我国农业产业低门槛，低附加值的重要跨越，必将极大地推进农业产业的快速发展。而农业产业的快速发展，必将使围绕农业生产的产业链变得生机盎然。传统农业向现代农业的提升，传统的"农村"向"新农村"或"城镇"的转变，以及"新农民"的培养无不蕴藏着巨大的发展空间，这些都为农林院校的转型发展提供了良好的产业环境基础，为充分发挥农林院校人才培养、科学研究、服务社会职能提供了难得的机遇。其次，农林院校具有行业性、地域性、应用性等特点，具有向创业型大学转型的先天条件。行业特色保证了高校的学术积累，地域特征占据了地域优先的优势，应用性更为学术资本的转化提供了便利条件。最后，农林院校具有比较强烈的变革要求。农林院校普遍存在着办学基础条件相对薄弱，办学经费相对不足，办学条件与发展需求矛盾比较突出，优质生源严重不足，基层就业渠道不畅，农业科研成果转化、推广和服务新农村建设的实际与要求有着较大差距等问题。因此，农林本科院校具有强烈的变革转型的内在动力。总之，农林本科院校具有向创业型大学转型的内外条件，探索研究农林本科院校适应农村经济和社会发展的需求，充分利用农业产业升级的重要机遇期，加快农业知识技术的产业化，提高现代农业创新人才培养水平，实现院校发展和产业融合，实现农林本科院校成功转型升级发展变得既迫切又必要。

有利于服务农业现代化建设，提高农林本科院校科技创新贡献能力。2018年中央一号文件继续锁定"三农"问题，中共中央、国务院印发的《中共中央国务院关于实施乡村振兴战略的意见》提出，必须始终坚持把解决好"三农"问题作为全党工作的重中之重，加快推进中国特色农业现代化。目前，农业领域急需在优化农业结构、转变农业发展方式、促进农民增收、建设新农村等方面迈出新的步伐，农林院校在解决"三农"问题中的作用与日俱增。传统农业向现代农业的发展，归根结底是顺应农业科技革命要求，加强科技创新的结果。农林院校的核心价值是"以农为本，育才兴农"，顺应"三农"工作新要求，研究如何发挥农林院校的智力优势和科研资源，集中解决区域农业发展过程中的关键问题，探索如何以项目管理为目标，建立综合的研究中心，引进市场机制，引导科研人员和教师、学生共同参与农业领域的创新创业，借农业产业升级的东风，促进农业和农林院校共同发展，具有非常重要的现实意义。农林本科院校向创业型大学的转型发展研究，立足于改善学校办学体制机制，激发农林院校师生服务"三农"的热情；立足于建立农林院校与农业更加深入的联系，加快农业科技成果的转化，形成规模效益；立足于建立政府、产业、高校的协同机制，营造更加有效的创新创业氛围，为推动农业现代化建设贡献力量。

有利于农村创业，激活农村经济社会持续发展的动力。《国务院办公厅关于支持农民工等人员返乡创业的意见》(国办发〔2015〕47号)文件指出，支持农民工、大学生和退役士兵等人员返乡创业，通过大众创业、万众创新使广袤乡镇百业兴旺，可以促就业、增收入，打开新型工业化和农业现代化、城镇化和新农村建设协同发展新局面。现代农业的发展正改变着传统农业的发展格局，广阔的农村孕育着许多创业的机会。生态农业、休闲农业、观光农业等农业创业项目的兴起，吸引了越来越多的资本、人员参与到农业创业中。开展农林院校创业型大学建设，不仅为农业产业培养出大批的创新创业型人才，更将科学研究、科技服务与农村创业有效链接，构建院校与农村有机联系的桥梁，为传统的农村传递变革的力量。在农村建起越来越多的创新创业基地，孵化出更多的农业科技公司，这将极大地促进农村经济发展。

1.2.2 理论意义

回应理论热点，实现释疑解惑。创新发展、创新创业、大学转型是高等教育研究的热点问题。高等教育学术界有责任积极回应这些理论热点。要利用科学理论，采用有效的研究方法对现象反映的问题提出合理的解释，对于问题的解决提供方案的参考。对创业型大学的深入研究不仅有力地回应了这些热门理论问题，更可以在它们之间建立起一个有机联系，为问题的解决提供可行的理论方案。

丰富理论研究，推进创业型大学建设。创业型大学作为一种全新的、集成的大学理念和实践模式，正处在一边实践一边研究的过程中，特别是我国的创业型大学建设，起步晚、经验少，急需在理论研究上有更多的突破和发展，从而为创业型大学的建设发展提供理论支撑。

1.3　文献综述

1.3.1国外研究综述

（1）有关创业型大学的研究。主要包括两方面：一是国外创业型大学研究代表人物的主要思想，二是国外创业型大学研究的主要趋势。关于国外创业型大学研究代表人物的主要思想，本书从代表人物、主要著作、研究视角、概念、主要观点等五个方面进行了梳理，清楚地体现了国外关于创业型大学研究的宏观情况。

伯顿·克拉克（Burton R.Clark）主要著作包括：《建立创业型大学：组织上转型的途径》《大学的持续变革——创业型大学新案例和新概念》等。他运用"组织的观点"，从大学内部出发，深入分析了创业型大学的转型背景、转型模式等问题，最终形成了其关于创业型大学的基本理论。他认为创业型大学，就是凭它自己的力量，积极地探索如何在干好它的事业中积极创新，它们敢于冒险，执着努力，在组织特性上做出实质性转变，以便为将来取得更有前途的态势，成为"站得住脚"的大学。他以沃里克大学（英国）和斯特拉斯克莱德大学（英国）、特文特大学（荷兰）、恰尔默斯技术大学（瑞典）、约恩芬大学（芬兰）等五所典型院校的成功转型为研究对象，通过历史研究与比较分析，归纳出了向创业型大学转型的五种要素：强有力的驾驭核心（A strengthened steering core）、拓宽的发展外围（The expanded development periphery）、多元化的资助基地（The diversified funding base）、激活的学术心脏地带（The stimulate academic heart land）和一体化的创业文化（The integrated entrepreneurial culture）。在《建立创业型大学：组织上转型的途径》一书中，克拉克提供了新的创业型大学的案例，并对向创业型大学转型的持续动力问题进行了研究。他认为持续的系统动力包括三方面：加强相互作用的动力、累积的动量的动力和具有雄心壮志的集体意志的动力。三种持续动力促使大学在制度化状态下不断转型，而不再依靠管理团队的发号施令。

亨利·埃兹科维茨（Henry Etzkowitz），主要著作有《麻省理工学院与创业科学的兴起》等，他将物理学的原理用在了社会创新上，阐释了三大创新活动主体——大学、企业与政府之间相互作用的机理，并在"大学—产业—政府"创新的三螺旋合作关系上，对创业型大学的作用及其基本理论进行了探讨。他认为创业型大学经常得到政府政策鼓励，其组成人员对从知识中收获资金的兴趣日益增强，这种兴趣和愿望又加速模糊了学术机构与公司的界限，公司这种组织对知识的兴趣总是与经济应用和回报紧密相连。他认为伴随着两次学术革命，大学经历了从教学向科研、向促进经济社会发展（创业）职能的拓展；提出了创业型大学的五大特征：拥有科研团队、建立具备商业潜能的研究基础、将科研作为知识产权转移的组织机构与体制机制、在大学里创办公司的能力、学术要素与市场要素新的搭配方式（如大学—工业研究中心）等；提出了创业型大学存在的基础（四大柱石）：学术带头人能够形成和实施自己的战略构想；通过授予专利、颁发许可证和孵化等方式进行技术转移的组织能力；在广大管理人员和师生当中形成普遍的创业精神；能对大学资源进行合法控制，包括大学建筑物等物质财产和来源于科研的知识产权；首次提出政府、产业、大学关系的三重螺旋理论。

希拉·斯劳特（Sheila Slaughter）关于创业型大学的代表作是《新经济中的学术资本主义》。他从"学术资本主义"（是指学术人员或学术机构为获得外部资金所表现出的市场或类似市场的行为）的视角，对创业型大学的发展进行了考察和评述。为了保存或者扩大资源，学术人员不得不依靠其学术资本去持续不断地竞争外部资金，他们的学术资本主要包括教育、科研、咨询技能以及其他一些学术成果；这些外部资金是和以市场为导向的科研紧密联系在一起的，包括应用的、商业的、策略性的和有目标的研究等。当大学教师通过参与生产使用其学术资本的时候，他们就正在走向学术资本主义。他认为，创业型大学是指在变化的情势下采取一些企业的运作方式的大学。在创业型大学中，对学术人员而言，成功的学术资本家能从大学中获得更大的力量，不管是个人的还是集体的；对管理者而言，受组织因素的影响，个人的重要性会有所增加，核心管理者同样可以获得再分配的权利和力量，而中层管理者在组织中的作用可能变得更加不重要；对大学而言，大学作为一个共同体这一概念有所缺失，个体成员的最主要的目标是组织利益的最大化，而提供了巨大的财政支持的政府和缴纳高额学费的学生承担了大学组织的花费。他在以后的著作中对学术资本主义的担心转化为怀疑与批判，重申大学的公共目的和公共投资，呼吁使大学和学院"重新公立化"。

迈克尔·吉本斯（Michael Gibbons）的代表性著作是《知识的新生产：现代社会中科学和研究的动力》。在这一著作中他从知识生产模式的视角阐述了创业型大学产生的内在原因。根据知识生产方式的变化，他提出了两种知识生产模式，即传统的"模式1"（建立在单一学科架构之上的，研究的问题由学科内部提出与界定，其研究成果的评定遵循学科内专家自我评定）和"模式2"（以跨学科、应用为导向，研究的问题并不属于单一学科，研究的目的不单单是知识的积累，无法在单一学科内评价）。"模式2"下的知识生产是以"问题导向"为逻辑的，强调多样化的技能、跨学科的合作、组织的柔性以及知识的实用价值。他认为，知识生产"模式2"适应了知识经济的发展，为教授、学生的创业，大学与企业联合等大学市场化或类市场化行为的出现提供了可能。

国外关于创业型大学的研究热点从20世纪90年代的"管理、创新、科技型企业"，发展为"大学的创新与创业""知识与技术转移"等，研究重心正由科技发展向大学自身建设发展转移。

李培凤博士利用知识图谱的方法对近10年国外创业型大学的研究进行了梳理，清晰地展现了创业型大学多学科研究的趋势。商业与经济学科领域类发表的文章数量最多（289篇），管理学科类发表的文章数量次之（210篇）。教育与教育研究等学科领域的突变指数显著升高，意味着这些学科对创业型大学的研究投入逐渐提高。

在创业型大学发展路径研究方面，吉布（Gibb）教授在英国大学生创业委员会（简称NCGE）的报告《迈向创业型大学将创业教育作为改变的杠杆》（*Towards entrepreneurial university —— entrepreneurship education as a lever to change*）中，介绍了创业型大学开展创业活动的三种模式：外部支持和利益相关者驱动模式、大学引领模式和完全的集成与嵌入（最佳的）模式。外部支持和利益相关者驱动模式依托创业中心，大学参与其中，但是创业中心的所有权为利益相关者所拥有；大学引领模式主要是在大学附近建一个归大学所有的创业中心，创业活动主要由大学教授组织，为师生提供创业培训等；完全的集成与嵌入（最佳的）模式是大学作为主体，将校内的创业教育，院系里的创新教学和学科的建设发展与创业活动做整体的融合。

剑桥大学的迈克尔·基特森教授在《联合大学：大学，知识交易和当地经济增长》（*Joint university: university, knowledge trading and local economics*）中，介绍了大学参与商业活动的三种模式：自由放任模式、技术转移—创业型大学模式和知识交易—联合大学模式。

国外的学者通过创业型大学的研究为我们呈现出大学发展的新形态，无论是基于数理统计的实证研究，还是校史考察、人物访谈的案例研究，无不展示出创业型大学发展的勃勃生机。特别是在创业型大学的内涵、特征、发展模式等方面的探索，逐渐让创业型大学这种大学新形态有了比较系统的研究基础。然而，由于大学发展的背景差异，我国对中国创业型大学的研究还略显不足，亟待创业型大学本土化的研究。

（2）有关农林本科院校研究。美国的农林院校被公认为是世界上最好的从事农业教育的高校。了解美国农林院校的研究情况，对研究我国农林院校发展具有重要的借鉴意义。本书从两方面进行了梳理：一是美国高等农林院校发展史研究，二是"三位一体"的美国农林院校发展模式。

目前，国外很少有研究美国高等农林院校发展史的专著，但通过美国高等教育史的有关著作，我们也可以了解美国高等农业教育的发展概况。如霍夫斯塔德和史密斯（Richard Hofstadter and Wilson Smith）合著的《美国高等教育：记录的历史》（*American Higher Education: A Documentary History*），亨德森（D. Henderson）所著的《高等教育政策与实践》（*Policies and Practices*），弗莱德里克·鲁道夫（Rudolph Frederick）所著的《美国学院和大学史》（*The American College and University: A History*），安德森（G Lester Anderson）所著的《赠地大学和它们所面临的挑战》（*Land-Grant Universities and Their Continuing Challenge*），厄尔·罗斯（Earle D.Ross）所著的《民主的学院》（*Democracy'College*），布鲁贝克和鲁迪（John S.Brubacher and Willis Rudy）合著《转变中的高等教育》（*Higher Education in Transition*）等。这些著作记述了美国高等教育是如何确立以有实用价值的农工业职业教育取代欧洲培养"学术精英"为目的的高等教育的过程，描述了教育家、关心教育的议员和地方行政官员是如何采取行动，在美国建立一种高等教育新理念的过程。埃迪（Edward D. Eddy）所著的《赠地时代的学院》（*College for Our Land and Time: The Land-grant Idea in American Education*），厄尔·罗斯（Earle Ross）所著的《赠地学院历史》（*History in the Land-Grant College*），古德（H. G Good）所著的《美国教育历史》（*A History of American Education*）等著作介绍了美国农业高等教育从无到有的发展历程。

二是"三位一体"的美国农林院校发展模式。在埃迪（Edward D. Eddy）所著的《赠地时代的学院》（*College for Our Land and Time: The Land-grant Idea in American Education*）和厄尔·罗

斯（Earle Ross）所著的《赠地学院历史》（*History in the Land-Grant College*）中，介绍了以赠地学院为基础而逐渐发展起来的美国农林教育。1776年美国独立后，随着西进运动和工业的发展，各州对农业教育、农业科学试验和农业推广的需求与日俱增。随着一系列法律的颁布，美国逐渐建立了一批以农业教育、科研、科技推广"三位一体"的农林院校，美国的农业生产水平迅速提高。1862年，林肯总统签署了《莫里尔法》法案，奠定了赠地学院发展的基础。1897年，美国国会又通过了《哈奇法》。《哈奇法》规定由联邦政府和州政府共同拨款建立州农业试验站，并由美国农业部、州和州立大学农学院共同领导，从而推动了以农学院为基点，覆盖整个州的农业试验站的建设、发展。威尔逊总统于1914年签署的《史密斯—利弗法》，即合作推广法，建立了以州农学院为核心的农业推广体系。《史密斯—利弗法》规定了由农业部和农学院合作领导，以农学院为主的合作推广服务体系，推广经费由联邦政府和州、县保障。正是这三个法案的相继颁布，美国农学院兼具了教学、科研、推广三个职能，并得到法律和固定经费的保障，三个职能相得益彰，构成了美国独特的"三位一体"式的农林院校发展模式。

1.3.2 国内研究综述

（1）有关创业型大学研究。国外创业型大学相关著作的译介丰富了我国学术界关于创业型大学研究的理论基础，开阔了研究视野。浙江大学的王雁博士、大连理工大学的彭绪梅博士以亨利·埃兹科维茨教授和伯顿·克拉克教授的观点作为基础，开展了深入系统的研究；温正胞博士后以希拉·斯劳特教授的"学术资本主义"作为基础，开展了以"比较与借鉴"为题的博士后研究。21 世纪初期，我国有一批高校开始了创业型大学建设的实践。2008 年，福州大学开始了创业型大学的建设，并提出到 2020 年全面实现区域特色创业型东南强校的战略目标。浙江农林大学定位于生态性创业型大学，积极开展创业型大学建设实践。2011 年浙江省政府办公厅下发《浙江省人民政府办公厅关于启动实施教育体制改革试点工作的通知》（浙政办发 2011〔54〕号），开展了省内以浙江农林大学为代表的 7 所院校创业型大学建设试点。创业型大学在我国的实践，进一步拓展了创业型大学建设的理论研究，不仅丰富了创业型大学的研究内涵，还将创业型大学的本土化研究推向深入。国内创业型大学研究主要包括两方面：一是国外研究成果的译介和综述。在创业型大学相关的译著方面，王承绪教授翻译的《建立创业型大学：组织上转型的途径》《大学的持续变革——创业型大学新案例和新概念》，将克拉克的创业型大学理念介绍到国内学界；王孙禺、袁本涛翻译的《麻省理工学院与创业科学的兴起》，将亨利·埃茨科维兹的创业型大学思想介绍到国内学界，揭开了麻省理工学院迅速兴起的秘密，展现了创业特征的巨大力量；周春彦翻译的亨利·埃茨科维兹的《三螺旋——大学·产业·政府三元一体的创新战略》，全面阐述了三螺旋理论，揭示了创业型大学外围发展的规律；由北京大学出版社翻译出版的斯劳特的《学术资本主义》用"学术资本主义"这一概念阐释了创业型大学的兴起和特点，并对学术资本主义的利弊进行了客观分析。在相关研究成果综述方面，彭绪梅、易高峰等利用知识图谱分析技术对国外创业型大学研究的热点进行了分析和综述。在从国外借鉴经验方面，洪成文发表了《企业家精神与沃里克大学的崛起》，对英国沃里克大学成功崛起的案例进行了分析和研究，并提出企业家精神在大学成功办学中的重要作用；燕凌在《高等教育研究》中介绍了新加坡南洋理工大学在建设"创业型大学"过程中，采取的引入产业界管理经验、重视创新人才培养、财务寻求多种渠道等具体战略。国外研究成果的译介和分析，传播了创业型大学的基本理论和发展理念，启迪了研究者的思路，激发了研究者的关注热情，起到了思想启蒙的作用。二是创业型大学本土化研究。国内学者分别对创业型大学的内涵、特征、价值取向、发展模式等方面进行了比较深入的研究。

关于创业型大学内涵的研究。王雁认为创业型大学是指"具有企业家精神的研究型大学";陈汉聪、邹晓东将创业型大学的基本内涵概括为"以培养创业型人才为基本任务，以开展具有商用价值的科研活动为重要载体，以直接创办高科技企业为关键举措的大学组织形态"。浙江农林大学的付八军综合其他学者的意见，并结合农林大学创业型大学建设的实践，提出创业型大学应将知识的生产、传承、应用融为一体，在教学、科研的基础上突出创业特征，积极推动学术资本化。

关于创业型大学特征的研究。王雁认为创业型大学的特征是发展高科技，催生新产业，以提高国家和地区的竞争力与经济实力为目标；与产业、政府建立新型关系；更直接地参与研究成果商业化活动；争取多样的资金来源；在教学和研究方面更注意面向实际问题；大学运营更强调创新。邹晓东、陈汉聪认为克拉克、亨利·埃茨科维兹对创业型大学的研究开辟了两条路径，但分析两条研究路径，还会看到创业型大学的共同特征：注重创业型人才的培养，在科研活动中更加注重科研成果的商用价值，大力发展科技园、孵化器、产业园等一系列促进科研成果转化的组织机构，大学及大学的学术人员对自身的发展方向做出战略选择，大学的学术人员、学生及校友等相关人员都积极参与创办创新型高科技企业。学者温正胞综合国内外的研究，他认为克拉克提出的创业型大学转型的五个路径，即强有力的领导核心、激活的学术心脏地带、拓宽的发展外围、多元化的资助基地、整合的创业文化是创业型大学的典型特征。

关于创业型大学价值取向的研究。国内学术界对创业型大学价值取向的研究，受到学术资本主义相关理论的影响，对创业型大学建设中的价值冲突给予必要的理论关注。在宏观层面，广大学者肯定了创业型大学建设的必要性。温正胞认为创业型大学是知识转型背景下高等教育机构的组织嬗变的必然结果……其结果必然是双赢的，既满足了高等教育系统实现功能多元化以应对社会发展的需求，也极大地推进了以科学技术为根本推动力的所谓新经济的发展。教育部教育发展研究中心马陆亭认为创业型大学能充分发挥自身的主动性，直接促进地方经济发展，是适应时代需要的。彭宜新、邹珊刚，则提醒创业主义应该加以抵制，他们担心巨大的金钱利益会使大学失去其作为社会独立批评者的作用。在中观层面，学者们关注了学术文化和商业文化的冲突，学术价值和市场价值的矛盾，并提出解决的方法。宣勇认为创业型大学作为特殊的学术组织系统，其内在的价值取向和组织特性更强调功利性，建设创业型大学的关键是坚持学术导向和市场导向兼顾的二元价值取向，学术导向保障组织不会异化，市场导向是确保大学发展的资源需要，二者的融合是保证创业型大学建设的根本。彭绪梅提出引入冲突管理理论有效管控学术价值与商业价值的冲突问题，力争实现两种组织文化的对接和协同。

关于创业型大学发展模式的研究。王雁、彭绪梅等研究者将创业型大学作为研究型大学变革的模式，认为这是研究型大学通往世界一流大学的重要模式。王雁认为创业型大学是"具有企业家精神的研究型大学"，彭绪梅认为创业型大学建设的模式是"在研究型大学基础上选择政府政策引导下的产学研结合的发展模式"。宣勇认为后大众时代的中国大学的竞争日趋激烈，大量"新兴的以及亟待发展的大学要形成后发优势，需要一种更为积极主动的新的发展模式"，创业型大学适合起点低、以赶超为目标的大学。以此为代表，中国一些非研究性大学开始了实践和理论的研究，并取得一定的研究成果。陈霞玲、马陆亭提出麻省理工学院（MIT）和沃里克大学两种创业型大学发展路径，并对其相同点和不同点做了分析，认为 MIT 是自下而上的服务型创业方式，沃里克大学是自上而下的公司型创业方式，我国研究型大学可参照 MIT 模式，非研究型大学可参照沃里克大学模式。与此观点相似的还有吴伟、石变梅等提出的创业型大学的欧洲模式与美国模式，即两种创业型大学发展路径并行发展。

（2）有关农林本科院校的研究。20 世纪 80 年代以来，我国高等农业教育作为一个相对独立的研究领域，相继建立了正式的研究机构，有了自己专门的学术性刊物，培养了一批专业研究人员和学术团队，开展了大量的研究与学术交流活动，取得了许多有价值的研究成果，主要体现在两方面：一是关于国外农林院校发展的经验介绍，二是国内农林院校发展问题研究。

在借鉴国外农林院校发展的先进经验方面，高翔提出借鉴美国农业合作推广体系的经验和做法，给予农林本科院校农林科技推广工作以保障，在我国建立大学农业推广创新体系，既是对现行的农业推广体系必要的补充和完善，又是对其的改革和创新。杨映辉提出，美国赠地院校通过建立有效的运行机制，积极参与科技兴农，保障了农业高科技成果及时转化为现实生产力，中国农林院校可以充分借鉴。

在国内农林院校发展问题研究方面，我国学者针对农林院校发展的战略问题、人才培养问题、科技转化问题等都有较多的研究。全国政协委员、中国农业大学原党委书记瞿振元直言，高等农林院校如果不顺应"三农"发展变化的新要求，将会迅速走向社会的边缘，进而丧失发展和生存的空间。他认为当前高等农林院校主要存在以下四方面的问题：一是许多农林院校历史欠账多，办学基础条件差，办学经费严重不足，办学条件与发展需求的矛盾十分突出；二是受社会观念的影响和缺乏有力的政策支持，农林院校优质生源严重不足，生源状况未能得到根本改变；三是普遍存在不利于高等农业教育健康发展的机制性问题，存在农业科研与成果推广相结合的体制性障碍，农业主管部门对农业教育的支持有所减弱，毕业生到农业基层就业的意愿低；四是高等农业教育发展理念更新的程度、教育教学改革的力度、教育教学管理水平等方面与现实的需要差距较大。他还提出，我国高等农林院校要在适应社会发展和引领社会发展的过程中明确方向、合理定位，以改革创新的精神精心谋划自身的发展蓝图，在人才培养、现代农业技术创新、农业高新技术研发、农业知识传播等方面发挥更大作用。他特别强调，不同层次的高等农林院校应有不同的发展目标和定位，应在推进社会主义新农村建设的过程中结合自身特点合理定位，发挥所长，在不同领域、不同地域、不同层面发挥各自的优势，做出各自的贡献。各地方的农林院校更应当与区域经济的发展紧密结合，探索多种模式为农业科技创新推广服务，并在这一过程中培养大量的现代农村技术人才。南京农业大学的周菊红硕士认为，我国高等农林院校对农村经济、区域经济服务的作用不强，主动服务远远不够，缺乏与教育行政部门、当地政府的紧密联系，工作中还存在许多问题与实际困难。

中国农业正处于从传统农业向现代农业的过渡期，迫切需要实现农业增效、农民增收、农村的可持续发展。因此，作为高等农林院校如何切实找准为"三农"服务的切入点，发挥自身优势，主动扩大为农村区域经济服务功能，建立科技兴农工作长效运行机制，把科技兴农工作进一步推向深入，是当前"三农"问题中亟待研究和解决的重大课题。华中农业大学柏振忠博士从我国农业科技人才队伍现状及问题研究入手，认为目前的农业科技人员素质还不能满足现代农业发展要求，还有很大的提升空间。河北农业大学张亮博士认为，高等农林院校应在新型农民培养过程中发挥基础作用。

1.3.3 国内外研究简评

国外关于创业型大学的研究已经形成了几个有代表性的研究范式，并沿着各自的研究方向向纵深发展，初步形成了不同的研究体系，但在特定环境下的创业型大学模式研究还存在一定不足。从目前研究现状来看，在欧美有关创业型大学的研究中，研究领域较多地局限于美国与欧洲的创业型大学，对发展中国家的创业型大学关注较少，更缺乏对发展中国家的创业型大学的深度研究。

纵观国内对创业型大学的研究,对创业型大学的元研究及创业型大学的本质内涵、主要特征的研究仍然不足。元研究是创业型大学实践的根基,元研究的缺乏将导致对创业型大学内蕴的把握不准确,很难明确创业型大学的职能特色与组织特点。因此,针对创业型大学的内涵本质、创业型大学的基本特征、创业型大学的分类以及创业型大学的发展模式等重要理论问题开展深入研究显得尤为必要。同时,创业型大学的研究与实践也与高校的历史背景、资源禀赋息息相关,将行业特色院校的转型发展与创业型大学研究相结合,则是对创业型大学深化研究的有效途径。

将高等农林院校发展研究与创业型大学结合起来进行系统研究是一次理论的尝试,利用创业型大学建设的规律改进农林院校发展的模式,提高农林院校创新创业型人才培养水平和科技创新能力,是突破农林院校发展瓶颈,加强和改进高等农林教育工作的有益探索。本书试图以创业型大学转型为主题,建立更加适合农林本科院校建设发展的外部环境和内部组织结构,从一个崭新的视角探讨高等农林院校转型发展的新路径。

1.4 研究内容与方法

1.4.1 研究思路和主要内容

本书遵循从实践上升到理论，再从理论指导实践的逻辑顺序开展研究。本书的第一部分绪论，主要阐述选题依据、研究意义、论文结构等基本问题。第二部分是研究的理论基础，对本书研究的相关理论进行概述和分析。第三部分是本书研究的主要部分。以两所欧美典型的创业型大学为例，对创业型大学兴起的背景及发展情况进行客观分析，通过理性思考从现象中发现本质，形成关于创业型大学的内涵、特征的理论认识，并对创业型大学的发展路径进行探索。第四部分是对创业型大学的内涵、特征发展模式的研究。第五部分用形成的新理论认识，遵循从普遍性再到理论的特殊性这一规律，将研究对象从普通大学进一步聚焦到农林本科院校，主要研究农林本科院校向创业型大学转型的基本模式。第六部分通过研究一所典型的农林本科院校向创业型大学转型的实践探索，实现理论在实践层面的指导和应用。

1.4.2 研究方法

（1）文献分析法。通过对文献的搜集、整理、分析找到创业型大学发展的历史轨迹，有关研究的理论基础及主要核心概念的基本依据。

（2）案例研究法。案例研究法是质性研究中比较常用的方法之一。案例研究方法作为方法论研究的一种，能够以一种更接近事物原貌的方式将研究对象立体呈现出来。本书将从国内外创业型大学的实践中选择有代表性的学校，按照案例研究的原则进行深入剖析，既实现多案例的对比，也体现单案例的历史比较。

（3）归纳和演绎法。本书通过对创业型大学的案例研究和抽象分析，归纳提炼出创业型大学的内涵、特征以及发展建设的主要模式，实现从实践向理论的提升。目前，个体创业的理论研究已经比较成熟，我们假设创业型大学学术资源转化为学术资本是组织创业的行为，将个体创业的理论，结合大学自身的属性，应用于创业型大学的发展研究。

1.5 技术路线

本书的总体技术路线见图1.1。

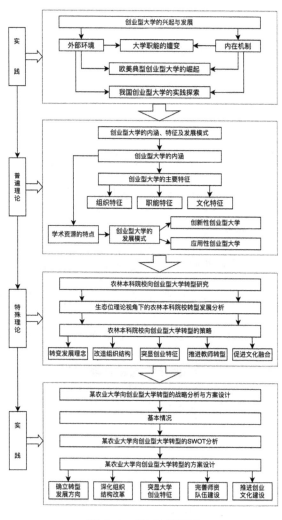

图1.1 技术路线图

本章小结

开展创业型大学研究，探索适合部分大学发展的新路径，激发大学的创新创业活力是贯彻落实创新驱动发展战略，服务创新型国家建设的现实需要，同时也是应对高等教育内外部环境变化，深化高等教育领域综合改革的内在要求。将创业型大学研究与农林本科院校转型发展相结合，为农林院校的发展提供一种新思路。这一研究不仅有利于提高农林院校的科技创新能力，推动农林院校在服务农业现代化中实现新的发展，还有利于我国"三农"问题的更好解决。

国外关于创业型大学研究的代表人物主要有伯顿·克拉克（Burton R.Clark）、亨利·埃兹科维茨（Henry Etzkowitz）、希拉·斯劳特（Sheila Slaughter）、迈克尔·吉本斯（Michael Gibbons）等，他们分别从"组织""三螺旋""学术资本主义"和知识生产模式等不同的角度对创业型大学进行了研究。从国外的研究趋势看，创业型大学研究正进入到一个新的阶段，研究重心正由科技发展向大学自身建设发展转移。美国的农林院校研究具有重要的代表性。美国农林院校是赠地学院的重要组成部分。它们在历史的发展过程中形成了教学、科研、推广"三位一体"的发展模式，在与农林产业和州政府的有效互动中获得发展壮大。美国农林院校的发展历程也是赠地学院发展壮大的一个缩影。国内的创业型大学研究在译介国外研究的基础上逐渐深入。在农林院校研究方面，瞿振元等学者针对我国农林院校发展中的问题提出了许多很好的建议。

本书拟采用文献分析法、案例研究法、归纳和演绎等方法，按照从实践到理论，由一般理论到特殊理论，再用理论指导实践的逻辑主线开展研究。

第 2 章

研究的理论基础与应用

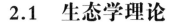

2.1　生态学理论

　　1866 年德国动物学家海克尔（H.Haeckel）首次为生态学下的定义是：生态学是研究生物与其环境相互关系的科学。他所指的"环境"包括生物环境和非生物环境两类。随着生态学研究的深入，生态学更多地用来分析和解决社会和生产中的实际问题，不断突破其初期以生物为中心的学科界定，愈来愈走进大众生活，并与生产实践和社会发展的需要相结合。生态学自身所蕴含的基本原理和规律及由此升华出的哲学思想，更多地用来指导其他领域和行业以及社会管理和政治领域中的问题。生态学中的系统性、协同进化以及动态平衡等观点，深刻地影响着人们的思想与决策。

2.1.1 几个重要概念

　　（1）生态系统。简言之，生态系统就是在一定的时空范围内，生物群落与生物群落所处的环境相互作用、相互联系所构成的统一整体。

（2）生态位。生态位是指物种在生态系统中的功能和地位。它是生物和环境长期相互作用而逐渐分化产生的。每一个物种在生态系统中都有着自己的生态位，当资源供给不充足时，重叠生态位的物种间就会产生竞争，在竞争的过程中形成了生态位的泛化和特化，生态位泛化是指生物在优质资源不足时，降低资源标准，扩大对其他资源的吸收能力，提高环境适应性；生态位特化是指在优质资源丰富时，生物选取特别的资源来源，放弃对其他资源的争夺，从而通过减少竞争者的方式获得长期生存。泛化和特化都是生物适应环境变化的生存策略，两者各有利弊，泛化可以应用的资源变多，但竞争者也增加；特化可以减少竞争者，但一旦需要的特别资源急剧减少或消失，就可能危及物种的生存。

2.1.2 在本书中的应用

大学是一个复杂的系统，生物学的引入可以更加完整和系统地思考大学的生存与发展，可以更加接近大学的本质和原貌，是分析和理解大学转型发展的独特视角。同时，生物学自身所包含的生态理念也是思考大学转型发展的重要理论依据。一是系统的理念。系统理念强调看待问题和处理事务的整体性，从系统的高度全面把握整体情况和状态，从宏观角度抓住本质，从而达到统领全局、高瞻远瞩的境界。协同进化调控思维，协同进行强调系统组分或泛生态元之间的协调、和谐，重视矛盾的薄弱环节，立足系统的协同进化，采取合理的调控措施和手段，从而改善事物的发展状况。二是开放的理念。一个物质系统若要在非平衡状态下形成稳定有序的结构，它必须是开放的。通过开放不断地与系统外进行能量、物质和信息的交换，从而产生促协力，维持系统的稳定性。无论是生态系统，还是社会系统，都是一种开放程度很高的系统，都在连续的时间和空间范畴内进行着各种物质、能量、资金、信息、人才、技术等的交流，在内外交换中维持着系统的存在和发展，从而保持其活力和动力。大学的发展壮大需要保持开放的姿态，需要不断拓宽发展的外围，保持信息、能量、物质的交换更新。三是树立动态平衡的理念。动态过程平衡理念源于对生态平衡的研究。生态平衡是一个动态概念，维护生态平衡不是简单地维持原初状态，而是随着时间的推移，不断打破旧的平衡，实现新的更高水准的平衡，构建更合理的结构和实现更好的生态效益。这种理念为大学深化改革提供了坚实的理论依据，大学的稳定发展绝不是故步自封，而是在不断改革发展中追求动态的平衡。

本书应用生态位理论分析农林本科院校的现状和生存策略，同时根据生态位理论提出农林本科院校的健康持续发展需要采取生态位分离和关键生态位战略，而向创业型大学转型则是适合这一战略的很好选择。

2.2　创新创业理论

2.2.1 创新与创业

创新理论的研究要追溯到熊彼特时代。美籍奥地利经济学家约瑟夫·熊彼特（Joseph A. Schumpeter）在 1912 年出版的《经济发展理论》一书中把创新定义为建立一种新的生产函数，即企业家实行对生产要素的新结合。它包括：（1）引入一种新产品；（2）采用一种新的生产方法；（3）开辟新市场；（4）获得原料或半成品的新供给来源；（5）建立新的企业组织形式。美国管理学家彼得·德鲁克（Peter Ferdinand Drucker）在 1985 年出版的《创新与企业家精神》中发展了熊彼特的理论，并建立了创业与创新的联系。在德鲁克看来，"企业家"是创新精神的实践者，他们大幅度提高资源的产出；创造出新颖且与众不同的东西，改变价值；开创了新市场和新顾客群；他们视变化为常态，总是寻找变化，对它做出反应，并将它视为机遇而加以利用。企业家是有目的、有组织的系统创新的人。创业是实现创新的手段和工具，是重新整合资源、创造财富的具体行动。

2.2.2 创新与创业行为

熊彼特认为是新技术催生出新的产品和服务，重构了供求和需求的关系，毫无疑问，技术创新为建立一种新的函数提供了可能，是创业成功最重要的因素。奥地利经济学家柯兹纳认为，市场中到处存在着没有被利用、开发的可以获利的机会，创业者凭借敏锐的发现并利用机会，就可以开始创业。创新的本质是发现机会，立即行动，满足市场需求。两种创新观点都肯定了创新是以新的方式整合资源，产生新的效果。创新影响下的创业行为都给市场带来了新的信息，提供了新的服务，所不同的是熊彼特的创新观是创造性变革，而柯兹纳强调的是旨在改善现有市场的不足的改进性变革。奥利弗对创业行为的创新性观点再次进行了说明，他对熊彼特和柯兹纳的观点都给予了合理的评价，认为这两种创业行为都包含创新的要素，只是创新的程度表现不同而已。

2.2.3 Timmons 创业模型

Timmons 是美国百森商学院著名的创业学研究专家，他在《新企业的创立》(2004) 一书中提出了著名的 Timmons 创业模型，Timmons 创业模型揭示了创业活动的内在机理：一是创业者 (创业团队)、机会、资源是创业的三要素。创业活动需要有合格的创业者 (创业团队)、有利的创业时机和足以支撑创业的各类重要资源。二是创业过程是机会先导、资源支撑、团队协作的持续过程。识别与评估市场上的创业机会是开展创业活动的逻辑起点，围绕创业机会调配创业资源是开展创业活动的重要内容，根据创业战略组建创业团队是确保创业成功的重要基础。三是创业过程是创业团队与机会、资源三个要素不断整合和寻求平衡的动态过程。对于不同的创业类型，创业开始的阶段拥有不同的创业机会和创业资源比例，在创业的进程中，二者的比例还会发生不同的变化，因此，创业团队需要不断进行调整，在三者之间追求一种动态的平衡。Timmons 创业模型揭示了创新下的创业过程，成为创业教育和指导创业的重要工具。

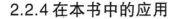

2.2.4 在本书中的应用

创新是创业的基础，无论是创造性变革还是改进性变革，都将为组织的成长和发展带来新的机会。毫无疑问，创新创业理论是创业型大学建设的重要理论基础，也是指导创业型大学建设的原则。创业型大学正是通过组织创新、制度创新，把握时代赋予的新机遇，实现发展模式新变革的。Timmons 创业模型成为本书指导创业型大学发展路径研究的重要理论依据。本书将发展创业型大学的过程假设为组织创业的过程，借鉴创业学解释、分析企业创业过程的精髓，为理解研究创业型大学提供一条独特的路径。

2.3　战略管理理论

杰出的战略规划学派代表安德鲁斯提出了 SWOT 战略分析模型。他认为分析企业的优势和劣势、机会与威胁是制定战略的基础。分析企业的优势和劣势是对组织现状的静态扫描和分析，用以确定它的存量；分析企业的机会与威胁是对组织未来发展的动态扫描和预测，用以判断它的走向。战略分析的中心目标是通过对组织的深入分析，合理调动调配发展资源，实现战略目标，创造最优绩效。

2000 年，罗伯特·卡普兰（Robert S. Kaplan）和戴维·诺顿（David P. Norton）在《哈佛商业评论》中提出了战略地图理论。该理论以平衡计分卡的四个层面目标（财务层面、客户层面、内部层面、学习与增长层面）为基础，通过分析这四个层面目标之间的关系绘制了企业战略关系图。战略地图理论的重要贡献是为战略实施提供清晰的路线指南和考评依据。它通过战略的可视化，不仅使战略执行者清楚地知道需要向什么方向努力，还能比较全面、客观地了解战略实施取得了怎样的成效。

2.3.1 战略管理与创业行为

从战略管理理论看来，一个企业的生存与成长的过程是确立战略目标、提高组织运营能力、获得资源、不断提高竞争力的过程。用战略管理理论解释创业过程，主要集中分析为什么产生了创业行为以及创业效果的差异。其中，资源基础理论具有一定的代表性。1984 年，沃纳菲尔特（Wernerfelt）"企业的资源基础论"

的发表，意味着资源基础论的诞生。在资源基础理论看来，各类资源的集合体构成了企业，企业的竞争力来源于特质资源，即具有价值性、稀缺性、不可模仿性、难以替代性、以低于价值的价格为企业所取得的资源。资源基础理论认为创建新企业的核心要素是创业者能够有效组织资源，将潜在的机会变成价值的实现。对机会的独特感知与发现、获取开发机会所必需的关键资源以及将同质化的资源重构为异质性资源的组织能力是决定创业成败的关键和创业成效的重要因素。

战略管理领域中的另一个常被用于研究创业行为的理论是动态能力理论。动态能力是指企业为了更好地实现产品、服务和价值兑现，通过调整、优化内外资源不断提高竞争能力的一种应变能力。动态能力理论强调对外部机遇的快速感知，并能快速反应，通过调配资源改造组织结构，提升竞争能力，获得竞争优势。因此，动态能力战略的实质是创新战略，即新生企业利用外部资源，并逐步整合和重构，以提高现有能力。创业的过程不仅是缔造一个新企业的过程，同时也是培育、增强企业动态能力的过程。

2.3.2 在本书中的应用

战略管理理论是企业管理中重要的理论之一，也是把握和控制组织发展方向的重要手段。战略管理理论是分析大学自身资源、区域定位、发展模式的重要工具。本书应用战略管理理论指导大学的定位分析和战略制定，战略管理中的资源基础理论将指导创业型大学在寻找创业机会的过程中，如何把握自身的有形资源和无形资源，如何将特质资源最大化。动态能力理论将解释创业型大学在建设过程中，一定要有核心领导层的重要意义，领导层的动态能力决定了创业型大学建设的成败。绘制农林本科院校向创业型大学转型的战略地图，可以将转型路径更清晰地进行描述和呈现。

2.4　新制度经济学理论

新制度经济学（New Institutional Economics）是经济学的一门分支。它的主要研究对象就是制度，研究制度的产生、结构、作用，分析制度对经济社会的影响。新制度经济学作为一种理论工具，对于分析理解创业型大学建设的外在制度保障和内在运行机制建设都具有重要的理论指导意义。新制度经济学将制度分为"制度环境"与"制度安排"。"制度环境"是一系列指导生产、交换等经济活动最基本的规则；"制度安排"是规范人们相互之间如何竞争与合作的要求，是对活动中的人进行约束要求的准则。对于大学而言，制度环境是指导大学与外部包括行业、社会、政府等组织相互关系的一系列准则和规定。大学自身的制度安排是指保证大学正常运转的内部管理体制、运行机制以及组织行为，是大学内部的一套行为准则。创业型大学外部的制度保障建设就是制度环境的改善，内在运行机制的建设问题实质是做好创业型大学建设的内部制度安排。委托—代理理论和制度变迁理论是新制度经济学中的重要理论。根据委托—代理理论可以更好地理解我国现代大学制度建设，提高大学管理水平；制度变迁理论是从制度变迁的视角看待创业型大学的转型，也是指导创业型大学建设的重要理论依据。

2.4.1 委托—代理理论

委托—代理理论，又称契约理论，主要研究的是在信息不对称的背景下，委托人与代理人之间的关系，即如何以契约的形式明确委托人与代理人之间的权利与义务，实现以最小的成本让代理人发挥最大作用的理论。

委托—代理理论认为，委托人与代理人存在不同的利益诉求，很难建立一种完全开诚布公的交流机制，在委托与代理的过程中会出现一系列的问题，即委托代理问题。由于委托代理问题的存在，就需要研究设计一套规则，既能有效激发代理人的工作成效，还能很好地约束代理人的行为，即通过制度设计降低代理成本，提高委托效用。不同的委托—代理关系会引起不同的激励约束效果。委托—代理理论认为：委托人和代理人主体明确情况、代理人拥有的剩余控制权和剩余索取权情况、委托人和代理人之间的代理层次以及委托人对代理人的考核精准情况，都是直接影响激励约束效果的重要因素。其中，委托人和代理人主体明确情况、代理人拥有的剩余控制权和剩余索取权情况以及委托人对代理人的考核精准情况都与激励约束效果成正比。也就是说，委托人与代理人主体越明确，代理人拥有的剩余控制权和剩余索取权越完善，其激励作用越大；委托人对代理人绩效评估越精准，激励约束效果就越好。代理层级与激励约束效果则成负比的关系，代理层级越少，对代理人的激励约束效果越好。

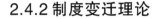

2.4.2 制度变迁理论

制度变迁是制度的替代、转换与交易过程，可以理解为一种效率更高的制度对另一种制度的替代过程。制度变迁是组织与现有制度相互作用的结果，有效制度和有效组织是制度变迁的关键。根据制度变迁的动力来源不同，可将制度变迁的过程分为强制性制度变迁和诱致性制度变迁。

制度是规范组织运行的一套规则系统，组织在遵守制度的同时，为了适应外部环境的变化、追求更高的效率，就要在现有制度的框架内进行制度创新，并最终推动制度的变迁。要实现有效的制度变迁，就需要有效制度和有效组织。有效制度能够明确制度内的组织产权，制度设计有利于营造公平竞争的环境，允许组织的创新行为，能够为组织提供一个相对稳定和安全的发展空间。有效组织的领导者具有变革的精神，组织整体具有顽强的生命力和持续的创新能力。制度变迁的根本原因是在竞争激烈和资源稀缺的环境下，组织持续不断的改革创新，以期更好地适应环境变化并获得更好的生存空间；而组织内部的创新和生产也逐渐改变了原有的制度，实现了制度的优化。制度变迁的方向是众多制度下的组织合作、竞争、选择合力的方向。因此，要实现制度变迁，就要建设有效制度，并在有效制度的框架下建立有效组织。有效组织的主要领导是否具有创新变革精神，组织的整合和生产能力是否适度超前于经济社会发展形势，都是考核组织有效性的重要指标。

有效组织要获取更多的有利机会，就要对预期收益和预期成本进行比较，当预期收益大于预期成本时，采取自发行动，如突破原有的制度安排，形成诱致性制度变迁。诱致性制度变迁的形成需要两个关键的条件：一是由某种在原有制度安排下无法得到的获利机会引起，二是组织创新者认为预期收益大于预期成本。

强制性制度变迁是通过政府颁布的命令和法律推动的，变迁的动力来源是国家和政府。与诱致性制度变迁相比，强制性制度变迁能在较短的时间以较低的变迁成本实现制度变迁。但由于变迁的有效性受到决策者的有限理性和偏好、意识形态、知识认识局限等因素影响，有可能导致制度变迁的整体失败。

2.4.3 在本书中的应用

委托—代理理论对创业型大学建设的启示，主要在于我国大学管理中也普遍存在着委托—代理关系和委托—代理问题。从宏观上看，我国的公办大学是由国家举办、教育部门管理、校领导组织办学。政府、教育管理部门及校领导者之间构成了委托—代理关系，因此适用委托—代理理论。要提高大学的办学效果，最大限度实现政府举办大学的目标，就要明确委托人和代理人的主体地位，划定权利和义务的边界。直接的办学者要有足够大的剩余控制权和剩余索取权，委托者要根据不同的代理情况设计更加精准的绩效考核方法，要减少代理层级，赋予办学者更多的自主权。独立的办学地位、足够的剩余控制权和剩余索取权是创业型大学建设的基本条件。基于大学教学、科研和社会服务等功能定位，减少干预和影响大学功能发挥的制度环节是降低代理层级的具体表现，也是提高大学办学效益和竞争力的必然举措。从微观上看，大学内部的管理也存在着委托—代理的关系和问题。从提高代理者的激励和约束效应的角度出发，设定任务执行的主体，明确权利、义务和收益，提高考核的精准度，减少微观管理活动的干涉，同样是提高管理效率和实现目标最大化的明智之举。

用制度变迁理论看待创业型大学建设的本质，是一次大学制度的变迁过程。制度要想成功变迁，实现新的获利机会，就需要有效制度和有效组织的保障。有效制度方面就需要大学在外在制度安排上更加体现大学的主体地位，为大学组织的创新发展提供更加宽松的制度环境，搭建大学与政府、产业全方位合作的平台，降低大学组织变革的预期成本；有效组织方面则需要提高大学内部组织管理的有效性，选拔任用具有改革创新精神的领导者，创新大学内部的组织结构，激发全校师生创新创业的热情。

创业型大学建设的过程，无论是外部政策制度，还是大学自身，都应该是诱致性制度变迁的过程。这不仅是落实大学自主发展政策的重要体现，也是大学自身组织变革的特点和创业型大学建设的规律。

本章小结

受伯顿·克拉克对高等教育多学科研究的启发，本书使用多学科的理论试图对研究对象进行更全面的分析和研究。本章对研究要用到的主要理论观点做了概述性的介绍，并对它们在本书中如何应用做了说明。生态学理论的整体观、开放观、动态观，是观察思考大学管理发展的重要视角，生态位理论为解释农林本科院校为什么要向创业型大学转型提供了很好的理论解释；创新理论是研究创业型大学无法回避的理论之一，特别是 Timmons 创业模型的引入为分析研究创业型大学提供了新的路径；战略管理理论是指导大学选择发展目标、制定发展战略的重要理论依据，向创业型大学转型需要依托战略管理理论的指导，细化转型方案；新制度经济学理论的引入，一方面是要强调创业型大学建设过程中制度建设的重要作用和建设过程中关键组织要发挥的作用，另一方面将创业型大学发展建设的过程看成是一次制度变迁的过程，新制度经济学的理论为分析研究创业型大学建设提供了新的思考方向。

第 3 章

创业型大学的兴起与发展

3.1　大学职能的嬗变

英国高等教育专家阿什比认为，大学是遗传和环境的产物。大学的产生和发展是外部环境影响，内部力量增减，并依据自身发展逻辑运行发展的结果。从中世纪的博洛尼亚大学到今天林立于世界各地的大学，经过一个多世纪的发展变迁，大学呈现出许多新的发展趋势，形成了许多新的发展理念。知识经济的到来，使大学逐渐走到了经济社会发展的前方。大学，从未像今天这样深刻地影响着社会的变革。在一些大学里到处洋溢着浓浓的企业家精神，人们不仅传播知识、创造知识，还通过自己或其他平台赋予了知识资本的价值，通过"出售"知识获得大学发展所必需的资源，再用获得的资源生产、传播、创造更多的知识。它们的组织结构发生了改变，"象牙塔"的围墙被拆除，并架起越来越多与产业和政府沟通的桥梁。它们凭借自己的力量，探索在如何干好事业的同时积极创新、敢于冒险、执着努力，在组织特性上做出实质性转变，以便为将来取得更有前途的态势，成为"站得住脚"的大学。它们被研究者们称为创业型大学。

在大学发展的漫漫长河中，总会有几个突兀、高耸、醒目的山峰，它们是大学发展到一定阶段的里程碑，也是大学新的职能被认识、被重视的标志。德国的柏林大学、美国的威斯康星大学在内外环境的共同作用下，开启了大学发展的先河，引领了大学发展的新趋势。今天，创业型大学在欧美、亚洲、非洲等各地兴起和发展，创业型大学也变得耀眼而令人印象深刻。为什么会出现创业型大学？创业型大学会是大学发展的另一个里程碑吗？回顾历史，结合现实，我们沿着大学发展变化的自身逻辑，从几个欣欣向荣的创业型大学的案例里或许会找到答案。

3.1.1 科学研究职能的确立

中世纪的大学是培养教士和官吏、为少数人服务的场所，教学是大学的主要职能。无论是"三艺"（语法、修辞、逻辑）的课程，还是"四艺"（算术、几何、音乐和天文）的课程，内容都高度系统化且不易更新。经院哲学、古典学问在大学中牢牢占据着统治地位。大学脱离于经济社会的发展，被称为"象牙塔"。当14世纪以后的文艺复兴和宗教改革洗礼整个欧洲，近代科学蓬勃兴起时，中世纪的大学仍旧抱缺守残，死守着宗教传统，固化着教育内容，在需要变革的时候，它选择了停滞。即使到了 19 世纪初，大学"还处于一种休眠状态，缺少一种切实的、在知识上的职责，强调教授已有的文化，严格限制发挥社会作用，所有这些都造成了动力上的不足"。中世纪以来，大学的制度和形态遭到了前所未有的质疑和广泛的批评，这个"古老"的社会组织显然不再适应当时社会的发展，大学改革已经在中世纪大学的衰落中孕育新的萌芽。

19 世纪初的欧洲，近代科学持续发展，第一次工业革命蓄势待发；启蒙运动兴起，人本主义思潮影响着社会各个阶层，利用科学为人类服务的思想深入人心。在法国、德国一些地区，矿业学院和小型工艺学校已经成为高等教育的重要补充力量，撼动了传统的大学势力。随着 1806 年普法战争爆发，普鲁士王国内政部文化及教育司司长洪堡于 1809 年创办了举世闻名的柏林大学。柏林大学高举"教育与研究相统一"的大旗，赋予大学研究的职能，大学是研究的中心，教师的首要任务是创造知识。19 世纪中叶，柏林大学崛起于世界大学之林，成为大学发展模式的典范，德国也在教育和科学领域后来居上，成为其他国家效仿的榜样。柏林大学的成功是大学从"象牙塔"走向世俗社会的一次重要尝试，开启了具有现代高等教育意味的大学发展进程：一是柏林大学的建立和发展是普鲁士国王全力支持的结果（摆脱了宗教势力的影响），柏林大学新理念的产生有着"教育强国"的教育哲学的思想基础。普法战争失败后，著名的哲学家费希特提出"教育复国""教育救国"和"教育强国"的口号，认为"唯一能使我们挣脱压迫和灾难的办法只有教育"，教育被赋予更多的社会功能。二是研究任务的提出契合了近代科学技术发展的趋势，自由的研究有助于教师发现不同学科的新知识，打破了中世纪大学对知识科目、内容的束缚，为知识的繁荣和认识的突破提供了前所未有的机遇和条件。

研究职能的确立是大学顺应经济社会发展的必然，是大学自我革新机制的一次重要体现。

3.1.2 服务社会职能的确立

美国威斯康星大学的崛起和威斯康星思想的盛行确立了大学服务社会职能的重要地位。1862 年 7 月 2 日，林肯总统签署了《对外开办学院以促进农业和机械工艺的各州和准州授予公有土地的法案》，史称《莫里尔法案》。《莫里尔法案》共八条，规定联邦向各州提供土地或土地券，用出售这种土地或土地券所得资金建立永久基金，资助和维持至少一所学院，在该学院中不得排除科学和经典的学习，并应包括军事战术训练，但其主要课程必须按照各州议会所规定的方式讲授与农业和机械工艺有关的知识，以便提高各实业阶层从事各种工作和职业的专业技能。蓬勃发展的工业资本主义需要大量的高技能人才，扩大的领土面积需要开发建设，《莫里尔法案》的适时出台催生了大量的赠地学院的兴起和发展。威斯康星州立大学的快速发展正是得益于此。随着威斯康星大学的发展，"威斯康星思想"也被广泛地传播和践行。威斯康星大学校长范·海斯（1904—1918 年任校长）在他的演讲词中，阐述了"威斯康星思想"的内涵："由州所资助的大学应致力于无疆界的知识探索及社会服务，以满足全州人民及其子女不同兴趣和态度的需要；否则，对大学所在州而言，将是一个无法弥补的损失。"即解决州内的相关问题，为州内的人民及子女提供知识和服务，是大学义不容辞的责任。为了践行自己的理念，范·海斯提出了著名的"威斯康星计划"。

该计划主要包括以下内容。

（1）学生培养的主要目标是培养具备实用知识且能够从事实际工作的公民；

（2）通过设立推广教育中心把大学的专业教育和知识普及教育有机融合，使知识的传播在威斯康星州变得更加容易；

（3）通过提供专业的知识咨询服务和派遣大学教师到政府部

门兼职，帮助社会、政府解决经济社会发展中的实际问题。

从此，培养实用人才、传播专业知识、开展咨询服务和教师开展社会兼职成为高校服务社会的重要形式，威斯康星大学迈出了走出"象牙塔"和紧密联系社会的第一步。世界高等教育史又翻开了标志性的一页。

3.1.3 创业型大学的发展

从远离社会、高高在上，到偏安一隅、专职研究，再到走入世俗、服务社会，折射的是高等教育如何顺应经济社会的发展，如何在坚守和变革中保持高等教育的本质的过程。大学作为一种社会组织形态，终归无法在变幻的社会中独善其身，其兴起和衰落都是适应或不适应的结果。职能的增加、形态的丰富有着个体的偶然，却是整个变化趋势的必然。柏林大学、威斯康星大学作为历史时期的代表，多少有着一定的偶然性，但随着知识（科技）对人类社会进程影响的加深，大学对精深知识的追求，大学与社会关系的日益密切这一大的趋势是必然的。通过回顾大学职能发展的历史，我们就会发现，大学终将成为社会发展的轴心，成为推动经济社会发展的最重要的力量。创业型大学走上历史发展的舞台，是大学在内外环境作用下自我变革发展的必然。创业型经济的到来，政府需要大学解决更多的经济和社会问题，人才市场需要更多的创新创业型人才；知识经济的到来，使知识不仅提升了价值，还具有了浮动的价格；大学的竞争，使大学个体发展的资源变得更加稀缺，多渠道获取资本支持变得更加迫切；生产知识的环境有了新的变化，跨学科的合作，与工业领域的合作变得越来越迫切。大学要发展壮大，就要回应这些要求；大学要传承创新，就要吸纳新的发展理念。创业型大学作为大学发展的新势力，就在这样的背景下兴起了。

3.2　欧美创业型大学的崛起

高等教育专家伯顿·克拉克在《建立创业型大学：组织上转型的途径》中选取了五所欧洲大学，通过访谈和文献搜集，运用概念分析和校史描述的方法，开展了创业型大学的个案研究。他在《大学的持续变革——创业型大学新案例和新概念》中进一步丰富了创业型大学的个案，并通过对斯坦福、MIT 等几所著名的美国一流大学的研究，进一步介绍了美国创业型大学的发展情况。克拉克不仅揭开了创业型大学的面纱，还提供了一种很好的研究范式——个案研究。在他提供的个案中，我们可以看到那些寻求"站得住脚"的大学是如何一步步崛起的。本书也试图通过几个创业型大学崛起和发展的个案，窥探一下创业型大学的样子。当从众多的创业型大学中选取个案时，那些原本弱小或寂寂无闻的大学通过创业转型实现崛起的例子总会成为研究对象，这是对大学发展战略决定大学命运理念的信奉，也是大学创业趋向将深刻影响大学未来发展的认定。

3.2.1 沃里克大学

选取沃里克大学作为个案研究，确实出于对它从微不足道的"草坪大学"快速崛起为英国著名、世界知名大学的结果的好奇和关注。

英国沃里克大学（The University of Warwick）始建于 1961 年，是为了适应二战后英国高等教育发展而建立的七所新大学之一。七所学校又被称为"七姊妹大学"。由于这七所大学都设在郊区，有学生宿舍，又被称为"草坪大学"。新设立的学校除了崭新的理念和积极的办学热情外，在其他办学基础条件上实在无法和牛津、剑桥以及伦敦的几所著名大学相提并论。沃里克大学1965年招收的第一届学生中，只有340名本科生和96名研究生。然而经过40年的发展，在全英国高等教育评估成绩中，沃里克大学与牛津大学并列第4位；2008年在具有权威性的《泰晤士报》"优秀大学指南"综合评比中，沃里克大学名列第6位；在2008年英国《泰晤士报高等教育增刊》的世界大学排名中，沃里克大学位居第69位。毫无疑问，沃里克大学实现了跨越式的发展，而其跨越式发展的秘密就是向创业型大学转型。

事实上，沃里克大学从建校之初并没有走创业型大学发展之路的战略，而是被迫转型的。沃里克大学首任哲学教授（A.Philip Griffiths）在一篇回忆的文章中提到"沃里克吸引我的地方不在于它具有一个更好和更吸引人的计划，而在于沃里克根本没有一个计划"。但作为一所新大学，它在建立之初却拥有了一些成为创业型大学的禀赋。新大学吸引了一批在传统大学受到压制且具有新思想的教授。这些教授带来了科研的热情，在建设的十年中，沃里克大学筑牢了一个强调科研的学术基地。沃里克大学很早就与工业界建立了比较好的关系。副校长巴特沃思与考文垂地区的实业家频繁接触，他能感受到实业家们更希望大学成为直接推动地区经济发展的一项经济资源，他将建设一所"适应时代需要的大学"的理念融入了沃里克大学的建设中。被迫转型是因为1981

年英国政府开始大幅度削减大学的预算，削减程度为 10%～30% 不等。沃里克大学被削减了 10%。对于成长中的大学来说，预算被削减是一件大事，更重要的是削减预算的开始意味着保障大学发展的资金主渠道的稳定性正在失去，大学要生存发展，必须要开辟新的资金渠道或增强其他资金来源渠道。当时，大学的资金来源主要有三条：一是拨款委员会拨款，也就是政府拨款；二是科研项目经费；三是来自校友等的捐赠。政府拨款占到经费的 90% 以上。沃里克大学提出了"省一半、赚一半的政策"应对削减的 10% 的经费，即通过开源节流的方式应对经费削减的危机。节流没有实现，开源却取得了可喜的成果。三年后，沃里克大学总收入比 1980～1981 年度提高 12%。创收的理念被沃里克大学接受，它开始了向创业型大学的转型。

沃里克大学转型具有以下特点：一是建立强有力的领导核心。沃里克大学通过制度化的领导机构建设，解决了学校发展战略的延续性问题。"领导能力已经在一个委员会机构中制度化，这个委员会机构把非专业性的校务委员会成员、经过选举产生的学术代表和高级行政官员融合在一起"，"个人领导核心让位于集体领导"。沃里克大学最高权力机构是由校务委员会和评议会组成的联合战略管理委员会，联合战略管理委员会下设人文科学、社会科学、自然科学和创收集团，分别负责学校的人文科学、社会科学、自然科学和创收活动工作。各委员会的人员组成包括高级行政人员和教授代表。这种制度设计使大学发展战略的设计和执行能兼顾各方利益，并可以确保战略一旦制定就能坚决贯彻执行，创收集团与其他学术委员会的并列地位也体现了创收理念在管理层面的落实。有力的领导核心不仅能持续推动创收战略的执行，更能通过校级层面的再分配平衡强弱不同的创收能力，以及不能创收的院系之间的关系，从而保证学校总体发展的平衡。二是多元的创收渠道。长期的科研积累使沃里克大学具有了较丰富的学术资源，与工业界的良好关系使他们很好地开始了学术创业。沃里克制造业集团是沃里克大学最重要的创业组织。工程系的教授巴塔查儒亚（Kumar Bhattacharyya）领导的制造业集团与工业企业密切合作，完全致力于研究和开发。巴塔查儒亚出身实业界，他明确集团发展的目标就是"主要和工程部门的许多公司合作，为改革过程培养人才和发展技术"。他与三百多个公司和集团建立了联系，实业界评价制造业集团是"专为其成员开设的研究和开发俱乐部，而不是有名无实的伙伴关系"。沃里克制造业集团还可以开展研究生培养工作，学生在学习期间可以参与项目的研究和开发，优秀毕业生可以在集团继续从事项目开发工作。沃里克制造业集团成为集教学、科研和创业一体化的组织，使其在人才培养、科研攻关的同时又能为学校带来更多的办学资金，极大地带动了沃里克大学的转型发展。拓宽的人才培养渠道也带来了巨大的收益。沃里克大学通过持续耕耘，建成了英国最优秀的商学院之一——沃里克商学院，它被誉为欧洲的"哈佛商学院"。入学标准的设计、课程的优化、学生就业方面全方位的服务等一系列制度性安排，使商学院教育充满吸引力，大量外国学生申请来此学习，从而带来大量学费收入。商学院还通过组建科研单位，为公司、企业提供咨询等服务创造额外收入。沃里克科学园区、会议中心的建设发展，构建了大学与外部的缓冲区和联结区，在获得利润的同时，真正使大学与政府、工业界、社区建立起紧密的联系，使沃里克大学成为其中不可或缺的一分子。

通过短短几十年的发展，沃里克大学由一所新建大学成长为英国著名大学的确让人印象深刻。建设初期就有重视研究的传统以及与工业界的良好关系确实让它抢占了先机，但更应该引起注意的是在削减预算危机来临时，他们采用外围创收的适应性策略。对比其他大部分大学因为政府的削减预算而震惊和愤怒，他们选择了创新的举措。显然，与工业界的密切接触和用商业的方式解决大学资金的问题在当时是个不小的创举。沃里克大学因为与工业界的密切合作不仅被骂为被"资本主义"统治，出卖给魔鬼，甚至遭遇了一次重大的骚乱。创业策略没有得到更多英国大学的重视，并遭遇世俗的极大反对，却给了沃里克大学难得的成长机会，促进了它的快速崛起。

3.2.2 麻省理工学院（MIT）

纵观 MIT 的发展史，从某种角度上说就是一部技术学院发展成为一流的创业型大学的传奇。

MIT 是通过两次成功转型才成为一流的创业型大学的。建于 1861 年的 MIT 是一所面向当时的技术革新，培养工程技术人才，促进社会和工业发展的以技术科学为基础的工程技术学院。创始人威廉·巴顿·罗杰斯（Wlliam Barton Rogers, 1804—1882 年）在筹建方案中写道，"我坚信，一个全面的应用科学学校应该提供全部的课程指导，教授与建设机械、动力应用、制造、机械和化工、电板和胶片印刷、矿产开发、化学分析、工程、动力和农业等有着直接关系的知识原理"。当时美国社会对工程技术人才的旺盛需求和现有的美国学校无法满足这种需求的矛盾为 MIT 的筹建提供了难得的发展机遇，波士顿则为学校的建设提供了适宜的土壤。经过 50 年的发展，在罗杰斯、沃克和麦克洛林等历任校长的努力下，MIT 成功克服了财务危机及见次被哈佛合并的风险，在 20 世纪初成为美国乃至世界著名的工程技术学院。

（1）MIT 转型为研究型大学。进入 20 世纪，美国的工业产值已经跃居世界第一位，美国实现了向工业化国家的转变，社会对高层次人才的需求大量增加，与此同时在科学技术领域，基础自然科学获得了突破性的进展，量子力学方兴未艾，重氢、放射性元素镭被发现，生理学和医学等领域也取得了巨大的突破，基础研究变得越来越重要。在这样的背景下，MIT 简单的技术教育和应用工业研究已经不能适应社会的需求。贝尔实验室总裁朱厄特在对以 MIT 为首的工程技术类学院进行考察后认为，"它们在几十年前发挥了有益的功用，做出了在我看来奇迹般的工作，但目前，它们在有用性方面已经远远落后。工程学院已经太接近于技术贸易学校的风格。唯一的解决办法是使这些学校加强基础科学以及研究的力度"。经历了 20 世纪 20 年代学校的缓慢发展，学院法人遴选出的校长康普顿带领学院开始了向研究型大学的第一次转型。MIT 有着一定的研究基础，1903 年建立了物理化学研究实验室；1908 年建立了应用化学研究实验室；1914 年肯内利教授从哈佛大学加入 MIT，建立了电气工程实验室。康普顿校长上任后，确立了学校发展的目标是"科学的发展和应用"，明确了实现这一目标的手段是"通过持续的学习、研究与人才培养"。他加强了基础科学的研究，特别是加强了工程学科与基础科学的联系。通过提升教师待遇吸引、留住优秀人才，通过严格入学标准、加强研究生教育提高学生的研究能力。需要特别提到的是，二战成为 MIT 向研究型大学转型的重要助推器。MIT 承担了军方许多的军事项目研究，不仅获得了巨大的资金资助，更成立了多个影响深远的实验室。20 世纪 60 年代，经历了 30 年的快速成长，MIT 实现了技术学院向研究型大学的第一次转型。

（2）MIT 转型为创业型大学。MIT 的立院思想就是要促进经济社会的发展，罗杰斯的教育哲学深深地影响了 MIT 的发展，在它一个多世纪的发展进程中，始终围绕着经济社会的发展调整自己的办学策略。康普顿在任期内，确立了学校的教师咨询政策和专利政策，允许教师开展产业咨询和研究工作，并支持教师利用研究成果创建自己的公司，特别是他前瞻性地预见到风险资本对科学研究成果转化的促进作用，在哈佛大学商学院以及麻省几位重要金融界巨头的支持下，于 1946 年成立了美国研究与发展公司。该公司被认为是美国最早的风险投资公司。MIT 紧紧抓住了二战时期服务国家军事战略的有利契机，实现了研究能力的巨大跨越。先天的禀赋和丰厚的学术积累使 MIT 占据了向创业型大学转型的先机，外部环境的变化推动了它向创业型大学转型。随着知识经济时代的来临，世界主要工业国家开始了从工业化社会向知识经济社会的转变，技术进步成为区域经济增长的内生要素，研究、开发、教育和培训变得越来越重要。20 世纪初以及

20 世纪 70 年代，麻省面临着经济转型和经济衰退的困境，麻省经济的复苏需要 MIT 的参与。1980 年出台的《贝杜法案》则加速了科技成果的转化，为 MIT 成为创业型大学奠定了法律基础。因此，随着 128 号公路高技术产业区的兴起，MIT 实现了向创业型大学的转型。

MIT 的转型具有以下特点：一是完善的治理结构。MIT 能够成功转型，其完善的治理结构发挥了重要作用。阿特巴赫认为，大学是一个拥有一定自治权的各种团体组成的社会。大学的成功发展需要关注不同的利益相关者，重要的是要能设计一种确保正确的政策能够持续坚持，出现问题能及时纠正，在兼顾各方利益的同时，又能迅速推行的管理制度。MIT 在内部建立了比较完善的治理结构，包括学院法人、学校高级行政主管人员、教师群体和学生群体，他们各司其职。学院法人的主要职责包括"确保学院被特许的完整性和财政资源能够以现在的目的延续给未来一代；学院法人及其委员会负责审查和指导学院战略方向，批准年度预算，负责长期信托投资，批准新的学位项目和课程的设立，审批学位授予、遴选校长及其他学院法人官员，并以法人个人或团体的名义就校长提出的问题提供建议"。学院法人是学院的所有者和最高管理者。学院法人来自美国各地和世界其他国家及地区，他们都是工业界、科学界、教育界和公共服务领域的卓越领导者，他们都有一个共同点，即对学院事务的持久关心和服务。事实上，他们几乎都是 MIT 的校友。学院法人通过遴选校长贯彻学院立校理念，通过提供发展建议矫正学院发展的方向，卓越、忠诚、尽责的学院法人保障了 MIT 的健康发展。高级行政管理人员包括校长、院长、系主任等管理人员。杰出的校长和有效的科层结构确保了 MIT 的各项具体政策的贯彻落实。优秀的教师队伍是 MIT 成功的基石，重要的决策都会有教师代表的参与。吸引优秀的学生是 MIT 的目标，为他们提供良好的发展空间，让他们参与学校事务管理就是重要的手段之一。二是满足社会需要。美国实用主义思想在 MIT 有着深深的烙印。罗杰斯创办 MIT 时，就坚持学校要服务经济社会的发展。他曾经说过，MIT 将超过国内任何一所大学，教授不仅具备工艺技能，还进行科学理论基础教育，最终为美国的工业发展和社会经济发展服务。培养适应社会需要的高技能工程人才，使 MIT 完成了第一次飞跃，成为世界知名的技术学院；开展基础研究，服务国防建设，使 MIT 完成了第二次飞跃，成为一所著名的研究型大学；与区域经济社会发展的融合，推动地区高技术产业区的发展，实现教学、科研、创业的三位一体，使 MIT 完成了第三次飞跃，成为引领经济社会发展的创业型大学。

MIT 的发展史清晰地描述了创业型大学的成长之路。引领和顺应时代的发展是成为一所有追求的大学的先决条件，大学的决策者必须具有更加开阔的视野，制定长远的发展战略。有效的治理结构是教育理念、改革政策落实的重要保障。治理结构的设计、管理机构人员的组成、主要领导的选拔都将决定学校发展的方向。具备一定的学术积累是建设创业型大学的必备条件。MIT的发展史带给我们的启迪是要牢牢抓住发展的机会，并根据自己的具体情况设计发展的路径。抓住难得的发展机遇会取得质的飞跃，比如 MIT 在二战时期与政府开展的国防项目研究开发。MIT的前身是一所技术学院，并在发展的过程中几次面临被哈佛合并的风险，但它克服了发展的危机并坚持自己的发展理念，在历史的长河中把舵操稳，不断积累，最终成为与哈佛大学实力相当的著名大学，这对一般的大学无疑是种重要的激励。

3.3　我国创业型大学的实践探索

迈克尔·夏托克在他的著作《成功大学的管理之道》中写道："当今社会，市场的作用和学校之间的竞争对高等教育格局的影响大大超过从前，大学要能走出一条新的、较少依赖国家资金的

道路，能够迅速抓住机遇，锐意进取，才能成为时代的宠儿。" [32]
在我国，一些地方大学率先开展创业型大学建设的实践与探索，
希望能成为"时代宠儿"，后来居上。

3.3.1 福州大学的创业型大学建设

福州大学是福建省唯一的 211 工程院校，是一所以工为主、
理工结合，理、工、经、管、文、法、艺等多学科协调发展的教
学研究型大学。2008 年，福州大学提出了向创业型大学转型的发
展目标，争取到 2020 年建成创业型大学办学特征明显、学科相
对优势突出、对国家和区域经济社会发展起重要支撑和引领作用
的国内知名高水平大学。经过 3 年多的努力，该校取得了阶段性
的成果。一是技术支撑区域发展能力显著提升。近三年，福州大
学共获各类资助项目 1838 项，经费总额 5 亿元以上，已在信息、
生物、新材料、新能源、环境与资源综合利用等领域形成一批对
海峡西岸产业发展具有重大带动作用、具有相对优势和自主知识
产权的核心技术、关键技术、共性技术和配套技术。二是服务福
建工业企业技术升级和产业结构调整能力显著增强。近三年，福
州大学通过与各地开展科技协作，共签订科技合作意向项目近千

项，与企业签订合同600多项，实际到校经费8000多万元。三是科研水平获得较大提升。近三年，学校发表的科技学术论文被国际三大检索收录及引用量稳居全国百所211高校的中游。

福州大学转型具有以下特点：一是将创业型大学建设上升为学校发展战略。办学思想和宏观战略决定大学的发展方向。福州大学开展创业型大学实践并非偶然。福州大学地处沿海，与台湾地区隔海相望，很容易受到来自境外办学新理念的影响，当时的付贤智校长又有着美国威斯康星大学的留学经历，深受"威斯康星思想"的影响。福州大学要实现超常规的发展，必须要有超常规的谋划。经过深层次的调研、学习借鉴，学校党政领导一致决定选择走区域特色创业型强校的发展道路。学校管理层通过教师大讨论、召开党代会等方式，将发展理念传递给每一位教师，并通过推进开源节流的校、院两级财务预算管理制度改革，实施鼓励学校科研人员服务企业的行动方案，落实校地、校企合作机制，开设创业教育和建立以提高人才培养质量、办学水平和办学效益为导向的学院办学质效评价体系等一系列举措，开始向创业型大学转型。二是发挥科研优势、服务地方经济发展。福州大学提出以服务求支持，以贡献求发展，立足于服务海峡西岸经济社会的发展，在地方、企业的互动中提高和发展自己。福州大学不断增强自主创新能力。首先，根据福建省产业发展和转型升级的需要，依托 34 个国家级、省级科技创新平台，在技术研发协作、科技成果转化、科技中介服务和科技资源共享等方面助力福建省技术创新的产业集群的形成。其次，服务福建工业企业技术升级和产业结构调整。学校先后与厦门等 6 个地市以及梅列区等 4 个区（县）建立科技合作，带动全省 9 地市、85 个区县支柱产业在关键领域的技术发展，成为各地市（区、县）产业集群的技术支撑平台和科技人才培育与培训支撑平台。最后，为海峡西岸经济区创新主体的技术集成和人才培养提供全面支持。学校较早成立校企合作委员会，已有 62 家企业成为会员单位，学校已形成 FED 平板显示技术工程化、环境光催化产业、数字电视产业、数字媒体产业化基地和抗癌光敏剂产业化等 5 组与产业链紧密结合的学科群和学科链以及信息安全等 7 个研究重点，与企业联合共建 4 个实验室、研发中心和人才培养基地。

作为地方高校，福州大学首先提出向创业型大学转型的发展理念，的确是振聋发聩。作为国内第一所提出建设创业型大学的高校，福州大学在探索中必然会遇到这样或那样的问题，但是福州大学将服务地方经济社会发展作为转型的突破口，确实给地方高校转型发展带来许多启示，它所建立的推进科技成果转化的政策制度也有重要的参考和借鉴意义。

3.3.2 浙江农林大学的创业型大学建设

浙江农林大学坐落于浙江省杭州市，是一所具有本科和研究生办学层次的多科性省属全日制本科院校，学校以农林学科为特色，涵盖工、管、文、理、法、经、农、医、艺等九大学科门类。2010年7月21日召开的浙江农林大学第一次党代会明确提出要把学校初步建成为国内知名的生态性创业型大学。同年12月，时任浙江省委书记赵洪祝提出鼓励创办创业型大学，随后浙江省教育厅开展了创业型大学体制改革的试点建设，浙江农林大学与绍兴文理学院、杭州师范大学、浙江大学城市学院、宁波万里学院、义乌工商职业技术学院、浙江工贸职业技术学院一并成为创业型大学建设试点学校。考察浙江农林大学的创业型大学建设实践，一方面是基于作为地方本科高校开展创业型大学建设的尝试，另一方面也是基于对具有鲜明行业特色的大学开展创业型大学建设实践的关注。

浙江农林大学转型具有以下特点：一是确立清晰的转型阶段目标。2010年，宣勇调任浙江农林大学党委书记，新一届领导班子在对省情、校情进行科学分析的基础上，为了抢抓现代农业发展的良好机遇，克服办学经费短缺、办学方式趋同等困难，提出走创业型大学的发展之路。2011 年 12 月，该学校通过论证的《浙江农林大学中长期发展规划纲要（2010—2020）》中明确了农林大学转型的阶段目标。第一阶段是到 2015 年，把学校建设成为具有较强综合实力的生态性创业型大学；第二阶段是到 2020 年，把学校初步建设成为国内知名的生态性创业型大学。在转型开始的前两年，浙江农林大学首先通过管理年建设，调整学校内设机构，分别设立战略管理处、创业管理处、社会合作处，加强学校战略管理和创业管理能力，提高对外合作水平；通过学科年建设，激发基层学科组织的科研热情，提高其科研能力。为了获得集中力量办大事的效果，浙江农林大学确定学科建设主攻方向，提出了"1030"战略，即 10 个重点领域及其 30 个优先主题。10 个重点领域分别是生物种业、食品质量安全与农林产品加工贸易、动物健康养殖与生物药剂、森林资源培育、生物基材料与生物质能源、人居环境规划设计与绿色建筑、农林碳汇与生态环境修复、生态文化、智慧农林业、中国农民发展。二是以创新体制机制为转型动力。为了激发全校师生的创新创业热情，稳步推进创业型大学建设，浙江农林大学积极开展体制机制创新，除了在组织层面建立新的机构和承载新的职能外，还制定了许多新的政策。创业管理处牵头制定了《浙江农林大学"十二五"创业发展规划》和《浙江农林大学关于鼓励和扶持创业的若干意见（试行)》(浙江农林大〔2012〕89号，简称"创业15条")。为了贯彻与落实"创业15条"，又制定了许多相关的配套政策，例如《浙江农林大学学术创业业绩评价与计算方法》《浙江农林大学知识产权作价入股开展创业的实施办法》《浙江农林大学院校两级创业团队组建及认定方案》《浙江农林大学创业孵化园管理办法（讨论稿）》等。政策制度的建设具有鲜明的目标导向。第一，有助于学校职能的充分发挥。政策明确创业范畴、目的、方向、模式及管理制度，将学术创业作为教学科研的一种衍生和深化，根本目的是强化创新创业人才培养，激发学科活力，提高社会服务能力。第二，提高对创业活动的重视程度。将创业活动与教学、科研放在同一个考评平台，创业业绩与教学科研业绩可以互换，一同作为个人岗位考核、教师职称晋升、岗位聘任的依据。第三，明确分配体制，激发科研人员和成果转化人员积极性。学校明文规定利用学校知识产权开展创业的，由创业团队提供知识产权投资和使用价值评估依据及实施方案，以许可使用或知识产权作价入股方式，经济收益的60%～80%归创业团队所有，学校所得采取"三免两减半"予以让利，即前三年全部经济收益归创业团队，后两年学校收取应获经济收益的50%，将知识产权一次性技术转让，所得经济收益的70%归创业团队；利用非职务发明技术成果及知识、技能、创意开展创业的，经学校认定后予以认可和扶持，三年内经济收益归投资人所有，三年期满经考核合格后持续创业的，所得经济收益的 90% 归创业团队。第四，重视反哺学院和学科。文件明确规定学校在各类创业活动中所获经济收益（知识产权转让收益或知识产权作价入股股权收益或经营净利润）的 50% 反哺学院（部）和学科。

目前，我国明确提出创业型大学建设的高校屈指可数。作为地方本科高校，浙江农林大学主动开始创业型大学建设的实践探索，对于推进创业型大学在中国的建设和本土化研究实属难能可贵。这与该校党委书记宣勇的强力推动不无关系，这也从侧面体现了中国大学的转型路径选择与主要校领导的关系密切。宣勇不仅是一位建树颇丰的理论工作者，还是一位管理经验丰富的高等教育实践者，基于理论的前瞻和实践的体验，他和他的管理团队选择走一条创业型大学的建设路径确实让人深思。应该说，浙江农林大学首开农林本科院校向创业型大学转型的先河，他们的实践和探索具有重要的借鉴意义。2010 年学校确定的目标是建成具有较强综合实力的生态性创业型大学，2020 年确定的目标是初步建设成为国内知名的生态性创业型大学。10 年的时间实现初步建成的目标，足以体现学校主要领导的清醒认识：向创业型大学转型不会一蹴而就，传统办学模式有着深刻的现实土壤和强大的发展惯性，在向新的发展模式转型的过程中要充分预估转型的阻力和问题，不能急于求成，要稳扎稳打，设计不同阶段的发展目标，科学处理发展、改革、稳定的关系，以更宽广的胸怀和更高远的视野面对发展中的问题，以久久为功的意志坚持不懈。

本章小结

本章通过对大学职能变迁的历史考察，认为大学创业特征的逐渐外显即创业型大学新形态的出现是大学适应外部环境和内部机制共同作用的必然结果。大学的健康发展遵循自身的逻辑，那就是要适应外部政治、经济、文化、科技等环境的变化，并做出及时反应。大学这个"古老组织"的历史延续，是以它不断丰富发展的内涵为基础的。创业型大学及时回应了社会发展对科学技术的迫切需要和对创新人才的渴望，势必将成为大学发展的一种重要模式。

本章以沃里克大学和MIT为例，以校史研究为依托，梳理它们成为创业型大学的历程。沃里克大学从微不足道的"草坪大学"快速崛起为英国著名、世界知名大学的历程，让人们对创业型大学发展的成效印象深刻。它转型发展的主要特点是建立强有力的领导核心、开拓多元的创收渠道。MIT是世界公认的最成功的大学之一，它也是创业型大学建设的典型代表。它通过两次成功转型，从一所技术学院发展成为一所世界名校。罗杰斯、沃克和麦克洛林等历任校长，在学校发展的关键阶段及时地把握了发展的机遇。学校完善的治理结构和对满足社会需求的发展理念的坚持，是它转型成为创业型大学的重要特点。欧美创业型大学建设的经验启示是高效的学校管理、统一延续的发展理念，以及通过技术输出和人才培养满足社会需求，这也是创业型大学成功发展的关键。福州大学是我国第一所明确提出开展创业型大学建设的高校，它将服务区域经济社会发展作为立校之本，目标是争取到 2020 年成为区域特色创业型东南强校。经过多年的创业型大学建设，该校已经取得了初步的成绩。它向创业型大学转型的主要特点是将创业型大学建设上升为学校发展战略，发挥科研优势服务地方经济发展。浙江农林大学是行业类院校转型创业型大学的典型代表，它的发展目标是到 2020 年把学校初步建设成为国内知名的生态性创业型大学。它向创业型大学转型的主要特点是确立清晰的转型阶段目标，以创新体制机制为转型动力，重视反哺学科。

第 4 章

创业型大学的内涵、
特征及发展模式研究

4.1　创业型大学的内涵

大学的发展变化有着深刻的时代背景和现实考量，大学这个古老而又生机勃勃的组织在与经济社会的互动中，遵循着自身逻辑演化发展。从博洛尼亚大学到柏林大学再到威斯康星大学，大学就像有机的生命体在合适的气候、适宜的条件下滋生出新的枝叶：从教学到教学与研究的统一，再到以教学和研究为基础的服务社会。事实上，追溯大学的发展史，就会发现每一种变化都蕴藏在大学本身中，从它诞生之日起，未来发展的基因便被确定。人们对大学的认识事实上是对它发展演化的"后知后觉"。中世纪的大学注重知识的传授，而系统知识的出现一定是专业人士对事物"研究"后的总结；中世纪大学存在的意义是可以培养专业人士，为知识的探索和创新提供土壤，创新创业的种子自古就孕育于大学自身之中。当知识经济到来，创新创业的种子开始萌发成长，大学以其新的形态呈现出新的力量。英国的沃里克大学、美国的麻省理工学院、中国的福州大学、浙江农林大学以及大洋洲、非洲等地的一些大学以其新的姿态走在经济社会发展的前列，我们称其为创业型大学。但是，创业型大学到底是什么样的大学？它有什么特征？发展路径是怎样的？这就是本章要讨论的内容。本章利用归纳演绎法，通过对典型创业型大学的分析，提炼出创业型大学的内涵、特征，并根据 Timmons 教授的创业理论，对创业型大学的发展路径进行理论的探索。

4.1.1 创业型大学的缘起

要理解创业型大学的内涵，有必要先来考察创业型大学这个词的来源。创业型大学，作为一个舶来名词，人们对它本身就有着不同的理解。它对应的英文是 Entrepreneurial University。"Entrepreneurial"在《英汉双解词典》中是 entrepreneur（企业家）的派生形容词，含义为：有企业家精神的，创业的，企业化的。按照英文的直译可以理解为有企业家精神的大学，创业的大学，企业化的大学。查阅文献就会发现，我国也有学者将创业型大学翻译为企业型大学。而广大的中国学者选择创业型大学作为对这一类新型大学的统称，既有约定俗成的原因，也是对这类大学基本属性的概括。研究创业型大学的缘起，就必须提到两位代表人物：一位是伯顿·克拉克，另一位是亨利·埃茨科维兹。克拉克在其著作《建立创业型大学：组织上转型的途径》一书中，从案例分析的角度提出了创业型大学的概念（创业型大学的诞生之初就是基于一些大学特别的发展模式而被总结提炼出的称呼）。"凭它自己的力量，积极地探索在如何干好它的事业中创新，它寻求在组织的特性上做出实质性的转变，以便为将来取得更有前途的态势，寻求成为'站得住脚'的大学，"克拉克把这类大学叫做创业型大学。在选择是用创新型（Innovative）还是创业型（Entrepreneurial）来描述这类大学时，他做了明确的选择，"我选择了创业型，而不是创新型作为本书的组织概念，因为它更有力地指向地方上经过深思熟虑的努力，指向导致改变组织姿态的行动"。亨利·埃茨科维兹作为一位研究大学和产业关系的学者，在其著作《麻省理工学院与创业科学的兴起》中，历史性地描述了第二次学院革命的兴起和创业型大学的产生，他将那些通过与政府、产业合作寻求发展机会，通过知识资本化实现崛起的大学称作创业型大学。王承绪、王孙愚分别是上述两本著作的中文译者，他们将"Entrepreneurial University"译为创业型大学，应该也是基于"创业"一词的独特含义而进行深思熟虑之后的选择。也正是这两本创业型大学研究专著的翻译和出版，使创业型大学广泛走进学者们的研究视野，而随着研究成果的增多，创业型大学也成为对这一类新型大学约定俗成的称呼。

4.1.2 创业型大学与大学创业

"Entrepreneurial"被译成了"创业的",因此要理解创业型大学,首先要理解什么是创业,创业型大学和大学创业又有什么样的联系。"创业"一词最早见于战国时期的《孟子·梁惠王下》,"君子创业垂统,为可继也",意思是创建基业,可以传世给子孙后代。随着西方管理学、经济学的引入,"创业"的含义变得更具有经济属性。全球创业观察组织将创业定义为"依靠个人、团队或一个现有企业,来建立一个新企业,例如自我就业、一个新的业务组织或一个现有企业的扩张"。创业教育专家杰弗里·蒂蒙斯说:"创业是美国的秘密经济武器,从创造就业机会到改革创新,从创建全新企业到形成风险资本,从竞争力和生产力到私有化和非营利所带来的社会变革,创业的领导者们和创业过程已经并将继续改变美国和全世界的经济。"

龙施塔特(Ronstadt)认为:"创业是一个创造与增长财富的动态过程,是一个发现及捕捉机会并由此创造出新颖的产品或服务并实现其潜在价值的过程。"在西方经济学和管理学的语境中,创业是改变经济发展模式的行为,是主体发现机会,整合资源,将潜在的价值转化为商品和服务实现以增值的过程。从以上分析可以看到，被称为创业型大学的"创业"具有双重属性：一种是通过革新建功立业，实现大学的快速发展；另一种蕴含着商业的意味，寻找有价值的资源，发现难得的机会，通过一定的运作获取增值。因此，创业型大学的重要活动之一就是以大学为主体开展创业活动，即大学创业。当大学参与到创业活动中来时，大学的价值导向发生了值得注意的变化，学术（公益）的价值导向与商业（实用）的价值导向交织融合，统一共生。

4.1.3 知识经济与创业机会

创业需要适宜的机会。知识经济的到来，为大学的发展拓宽了新的发展空间。1996 年，经济合作与发展组织（OECD）在《以知识为基础的经济》一书中对"知识经济"这个概念下了权威的定义：所谓的知识经济，是指建立在知识基础上的经济，是一个系统的、完整的经济活动，它既包括知识的生产，又包括知识的传播、分配和使用。知识经济与传统的工业经济和农业经济的区别在于，它是建立在知识的生产、加工、传播和应用基础上的经济。知识是知识经济的关键因素，拥有知识的人才是决定经济竞争水平高低的核心。知识经济的到来改变了经济结构，充实了影响经济发展的要素，对于开展人才培养和以知识的生产、传播和应用为主要工作的大学而言，融入知识经济变得可能而迫切。在农业经济时代，土地和劳动力是经济的基础，发展经济主要依靠土地和劳动力的增加，农业生产只需要经验的传授，基础劳动力的再生产无须大学的参与，大学是社会之外的"象牙塔"，专注于研究神学教义和科学知识，与社会生活有着较远的距离。进入工业经济时代，土地的重要性大大被削弱，资本、劳动力和原材料成为最基本和最重要的资源，资本的规模成为衡量财富的重要标志，社会的生产由手工劳动转变为机器的生产。机器的设计和制造，熟练使用机器的人才的培养都需要大学参与，大学开始介入为再生产培养科技人才，为改进机器性能发展实用技术，但是大学发挥的作用，与其他资本、土地、劳动力等生产要素相比还非常有限，此时的大学还处在经济社会的边缘。进入20世纪80年代，知识正式成为与资本、土地、劳动力同样重要的生产要素，科学技术对经济社会的贡献越来越大，知识经济的雏形逐渐形成，以知识生产、传播、扩散为主要任务的大学逐渐走到经济社会的中心。在知识经济时代，科学技术成为第一生产力。人才资源作为第一资源，新的产品、新的产业（尤其是高新科技产品、高新科技产业）的出现往往是科学发展的结果，世界主要经济体普遍开始重视教育和科学研究，并把发展一流学科和创办一流大学作为提升国家竞争力的重要手段。大学已经成为助推知识经济发展的重要力量，成为推动社会经济发展的轴心力量。高深知识作为一种资源，具有了重要的价值，而以知识生产、知识传播为主要任务的大学也迎来了快速发展的机遇期。知识经济的到来为大学创业提供了另一个必要条件——创业机会。

4.1.4 从学术资源到学术资本

学术资本是指个人或组织通过所拥有的高深知识，逐步形成学术成就和声望，并以商品的形式进行交换，从而实现价值增值的资源总和。随着知识经济的兴起，高深知识作为重要的学术资源可以作为商品进行广泛交换成为可能。通过知识的传播和创造，大学可以直接在市场的活动中获得资金的回报。那些有着丰厚学术资源的大学可以通过与产业、政府的合作或直接参与商品、服务的创造和生产，将学术资源转化成物质资本，为大学的发展提供资金支持。学术资本的生成提高了大学与政府、产业讨价和还价的能力，为大学的独立发展提供了保障。确保学术资本的生成，高深的知识是前提，学术自治是基础，法律保障是关键，建立转移转化平台是核心。大学是传授和创造高深知识的场所，传授、创造高深知识是大学与其他教育机构的显著区别。高深知识的时代性和创新性，是确保学术资本生成的前提。第一次科技革命以蒸汽机的发明和使用为特点，机械的设计和制造等高深知识符合那个时代的需要；第二次科技革命主要以电力的广泛应用为特点，所以电气化方面的知识就更符合当时时代的要求；第三次科技革命以新能源、新材料、生物技术、航天技术的发展为特点，与这些领域相关的高深知识更具有转化的空间。市场的交换永远遵循优胜劣汰的原则，只有那些具有创新性的高深知识，才可能在市场的交换中获得青睐。学术自治是保障高深知识创造生产的基础。只有学术自治，才可能学术自由。布鲁贝克认为："为了保证知识的准确和正确，学者的活动必须只服从真理的标准，而不受任何外界压力，如教会、国家或经济利益的影响。"高深知识生产的特殊规律就是要确保学术生产的自治和学术研究的自由。只有赋予大学真正的自主发展的权利，才能激发大学创新的热情；只有赋予学者一定的自由空间和时间，才会有富有创造性的学术成果。完善的有关知识产权保护的法律是保护学术独创性的屏障，积极的科技转化促进法案是推动创新成果频出的加速器。只有建立了完善的法律体系，才能规避大量的科学研究投入产出的科技成果被轻易窃取使用，只有明确的产权归属和使用规定才能激发知识创造主体的积极性。以高深知识为基础的学术资源之所以成为学术资本，是因为知识从大学向社会发生了转移，而正是这种转移的过程使知识实现了由价值向价格的转化，因此转移转化平台就是架起大学和市场的一座桥梁，它一方面将产业和政府的需求传递给大学；另一方面将大学的成果应用于社会。没有这个平台，学术资本化只能是无渠之流。

4.1.5 大学的变革与创新

创业理论认为，创业者、创业机会、创业资源是成功创业的三要素。知识经济的到来和学术资本的生成为大学的创业提供了必要条件。社会环境的变迁和大学内部的变化，生成了一批有着强烈变革愿望，敢于组织创新、管理创新的大学。这种来源于组织内部的创新热情和行动成为创业型大学产生的充分条件。后大众化的高等教育管理方式正在发生明显的转变，根据马丁·特罗先生的观点，就是正从"软管理"向"硬管理"转变。所谓软管理，就是把高等教育看作自治的活动，受到自身规范和传统的支配，有一套有效和理性化的管理手段，服务于学术团体自己确立的组织功能；而硬管理试图通过资助方式或其他从学术机构以外引入的责任机制，改变高等教育的活动和目标。为了适应管理方式的变化，在资助越来越有限的情况下，大学需要提高效率，需要不断提高竞争力，以便在越来越激烈的竞争中存活下来。那些有着良好的学术声誉和较长办学历史的大学，往往拥有较为丰厚的政府拨款、研究资助、校友捐款，它们位于"金字塔"的顶端，有时并不能实际感知到外在的压力，它们也更容易在传统研究型大学的发展路径里继续不变地耕耘。而那些处在"金字塔"底端的新建院校想要很好地"活"下来，它们急切希望建立新的游戏规则，在已经固化的发展通道之外打开一个新世界，于是创业的萌芽在高等教育系统里萌生，大学在系统之外开辟了新的战场。众多大学在努力适应现有游戏规则的同时，更着眼于在新的领域有所建树。在这个新的领域里，新的游戏规则不单纯是基于学术水平与历史声望的，还是一种崭新的、对于它们来说更有吸引力的规则。那些在传统的学术系统中并不突出、很难占据优势地位的大学，发现突破组织的边界，通过组织创新和管理创新将有限的学术资源通过外部的渠道转化为学术资本，一样可以获得宝贵的发展资源。它们的创业精神与创业行动受到了市场极大的鼓励，这些大学及其组成人员对从知识中收获资金的兴趣日益增强，这种兴趣和愿望又加速模糊了学术机构与公司的界限，从而使它们呈现出一种不同于以往的大学状态。它们不畏传统、勇于变革，松散的组织变得严密，研究的目的变得务实，坚强的领导核心增强了决策和执行的能力，具有明确任务导向、多学科合作的学术组织被激活，发展的外围被扩大，大学变得愿意与政府和产业部门合作，资金来源渠道变得更加多元，经济文化和学术文化被逐渐融合、整合为大学新的文化。

4.1.6 创业型大学的内涵解析

从创业型大学作为一个外来词被讨论，到分析理解构成创业型大学的必要条件和充分条件，就是试图更加清楚地理解创业型大学的内涵，并尝试给它一个比较准确的定义。从不同的角度看，就会有不同的定义方式。对较早系统研究创业型大学的王雁而言，她将研究的视角放到了研究型大学，认为具有企业家精神的研究型大学就是创业型大学。王雁用描述性的语言为这类大学下了定义："它发展高科技，催生新产业，以提高国家和地区的竞争力与经济实力为目标；它与工业界、地区政府、国家政府建立新型的关系；更直接地参与研究成果商业化活动；争取多样的资金来源；教学和研究方面更注重面向实际问题；大学自身的运营方面更强调创新。"易高峰从大学的职能、使命和发展模式等几个方面给创业型大学下了定义，他认为创业型大学"通过拓展传统的教学与科研职能，承担促进国家和区域经济社会发展的使命；扮演区域知识创新主体的角色，与政府、产业界建立新型的合作关系；注重提升研究与发展的质量，为创新创业活动提供动力；以跨学科研究中心、衍生企业、技术转移办公室等创业型组织为载体，积极开展创新创业活动；是融创业文化与学术文化为一体的新型大学"。李培凤则是从三螺旋理论的角度将创业型大学定义为："采用经济合理性与文化合理性的双重认知模式，以促进国家和区域经济社会发展的第三使命统领教学与科研职能；秉持创新创业的精神，通过加强与政府、产业界的实质性协同创新，推进技术转移办公室、孵化器、科技园、衍生公司等界面组织的创建，着力提升学术创新团队的科技创新与创业能力，主动融入知识产业化、商业化和资本化进程的社会机构。"综合以上的定义看，国内关于创业型大学的定义普遍采用性状描述的方式，通过对其特征的描述定义这类大学，在一定程度上定义了创业型大学的应然性。本书从创业型大学的实然角度将创业型大学定义为：在知识经济的背景下，充分利用区域与国家经济发展过程中出现的新机会，通过组织创新和职能拓展，实现将学术资源转化为学术资本，并利用学术资本带来的发展资源，不断发展壮大的新型大学。创业型大学的本质是具有变革和创新精神的大学的学术创业，是大学通过主动调整内部的生产关系，解放生产力的实践。创业型大学的"型"与研究型大学的"型"不是并列的概念。事实上，创业型大学的"型"更具有动态的意味，是对大学创业过程的概括，是一个现在进行时的概念，是对具有这一类行动特征的大学的统称。

4.2　创业型大学的特征分析

分析创业型大学的特征，是进一步认识创业型大学，并探索创业型大学发展模式的必由之路。本书选择组织特征、文化特征和职能特征进行分析讨论，基于以下三个方面的原因：一、将组织观点作为分析高教系统内部特征的一般方法是必要的，高教系统的根本属性是以知识生产、加工、传播为目的的学术组织；二、职能是大学活动的目的性的集中体现，是从价值论的角度考察大学的功用和价值；三、大学作为文化选择、传递、传播、保存、批判、创造的重要部门，是区别于其他教育机构的显著特点的。潘懋元认为："高等教育的文化功能有文化的选择、传递、传播、保存、批判、创造等。其中，对文化的选择，高等教育比其他教育的作用更为深远；而对于文化的批判与创造，则是高等教育区别于其他教育文化功能的主要方面。"本书通过归纳法，试图在分析典型创业型大学的共性基础上，通过抽象思维将其上升到理性的高度。

4.2.1 创业型大学的组织特征

创业型大学具有强有力的领导核心。传统的大学作为一个以文化知识为核心的组织，是一个科层制安排下的松散组织结构。科层制的存在是组织正常运行的基本保证，是作为组织的基本特征。松散形态是由大学倡导的学术自由和知识的生产、传播方式决定的。当传统大学向创业型大学转型，为了实现政策制定和执行的效率，必须要有一个强有力的领导核心。创业型大学要实现"市场化的生存"，通过"创业"获得更好的发展机会，就必须对不断变化的外在环境有更加迅速、更加灵活的反应。它们需要一个强有力的领导集体，根据内外部的条件迅速地制定具有战略性的计划，并能带领大家取得一步步的胜利。领导核心的形式是多种多样的：一个懂得经营而强势的校长和他的部门助手，或是吸纳学术权威、主要部门负责人组成的领导委员会。无论何种形式，领导核心有着相同的特点：一是必须具有至高的地位，形成的战略决策非常权威；二是有魄力改变传统的势力和组织结构，敢于建立新的体制机制；三是必须能够激发基层学术人员的参与热情，激活"学术心脏"，保障政策落实和强大的学术生产力。

创业型大学具有跨越传统大学边界的创新组织。为了实现创业的功能，创业型大学与传统大学相比，在组织结构上生成许多新的创新组织。这些组织有的跨越了单一的学科组织边界，有的跨越了大学的边界成为一些混成组织，主要分类如下：一是大学内部的跨学科组织。"当知识生产发展到模式Ⅰ与模式Ⅱ共存的阶段时，学科知识生产与跨学科知识生产并存，模式Ⅱ的知识是在应用情境中生产的，问题的解决并不局限在学科框架内，它是跨学科而非单一学科的"。为了适应知识生产模式Ⅱ的要求，创业型大学根据产业、政府等部门的实际需要，自发组建了校内的跨学科组织，包括一些研究中心、国家实验室、大学—工业合作中心等。二是跨越大学边界的混成组织。参与市场竞争的大学需要与产业、政府部门建立一种长期合作的关系。由于各自不同的价值取向和利益诉求，需要建立一种介于彼此之间的混成组织，打破两者之间的利益壁垒，构筑起合作的桥梁，形成协同合作之势。创业型大学通过建立起来的孵化器、技术转移办中心、科技园等混合组织，来实现这种汇聚和协调的重要作用。三是大学的经营组织。创业型大学自身就是创业项目的孵化器。那些适合自己开发并能赢利的项目被成功运营，构成了大学的经营组织，包括国际会议中心、校办企业等。

4.2.2 创业型大学的职能特征

大学在漫长的历史发展进程中，不断拓展自己的职能，适应经济社会的发展需要，并在这个过程中，逐渐走近经济社会的核心。19世纪初，德国柏林大学的成功改革，使大学的研究职能大行其道，教学与科研相结合，赋予了大学更大的主动性。19世纪后期，威斯康星大学的办学成功以及威斯康星思想的广泛传播，让服务经济社会职能成为大学的新职能，教学和研究成为大学服务经济社会的重要手段。创业型大学的出现，带来了大学内部职能的新变化：创业精神被有机地嵌入教学、科研和服务经济社会发展中。主要体现在以下几方面：一是教学上注重学生创新精神和创业能力的培养。普遍开展创业教育的大学不一定是创业型大学，然而所有的创业型大学都一定会注重创业教育。它们培养的学生除了具有不同的专业背景外，还具有比较浓厚的创业精神和强烈的创业意识。开展教学，进行人才培养是大学的核心任务。加强创业教育既是应对社会对创业型人才需要的市场化选择，更受到创业型大学创业精神的潜在影响。二是具有鲜明的问题导向的科研活动和更加重视科技成果的转移和转化。创业型大学从科研立项之初就紧紧瞄准现实中的问题，并评估研究的应用价值乃至商业价值。在创业型大学里，很多研究活动会受到管理层对项目价值的预期判断影响，很大一部分教师的学术活动，要受到合同约定的要求进行进度安排和方案拟定。科技成果的转移和转化是确保创业型大学产生学术资本，实现"创业成功"的重要保障。创业型大学会关注科研项目的选择、研究、小试、中试乃至产业化、商业化的各个环节，直到科技成果转化为学术资本。它们重视与政府、产业等部门的全力合作，帮助科技成果突破"死亡谷"，实现科技成果的成功转化。三是服务国家及区域经济社会发展成为创业型大学的立校之本。创业型大学始终坚持"以服务求支持，以贡献图发展"的理念，将服务经济社会发展作为大学发展的重要目标和生存之基。创业型大学有着强烈的服务意识，他们比其他类型高校有着更敏锐的目光，能够发现区域和国家经济社会发展中的短板，并思考如何利用本校的资源，在弥补短板的过程中获得新的资源。创业型大学主动融入社会，不仅依托教学和科研职能服务经济社会发展，有时它甚至成为市场上的经营主体，直接参与经济社会的再生产。四是作为创新文化重要的策源地，大力弘扬创新创业文化。大学是文化传承和创新的重要阵地。创业型大学自身所呈现的创新创业文化气息感染和影响着一代代师生，他们参与经济社会的建设和发展，将创新创业文化带到工作岗位和居住的地区。一所成功的创业型大学一定是区域内创新创业文化的策源地，影响并带动区域内其他经济组织、政府组织与其开展合作，共同创新创业。

4.2.3 创业型大学的文化特征

文化的冲突和融合是创业型大学鲜明的文化特征。大学作为复杂的组织，也是多种文化汇聚交锋的地方。长期以来，以倡导学者自治、学术自由的学术文化占据着主要地位，以科层制为代表的行政文化屈于附属地位。然而，随着社会与政府等其他利益相关者对大学的公共职责履行情况的不满，以及政府和公共机构的介入，行政文化的影响在大学中呈现逐渐上升之势。学术文化与行政文化的根本分歧来源于行政人员和教师不同的目标追求。行政人员的目标是公共职责的高效履行，教师的目标是对知识的探索和研究。学术文化和行政文化的此消彼长、交融冲突，推动了大学正常的运转和知识的正常生产与传播。

创业型大学是通过学术创业获得新的发展资源，从它诞生的那一刻起，自身就带有商业文化的烙印。市场交易需要一套商业语言，市场竞争需要锱铢必较。商业文化的引入和推行，将在行政文化和学术文化冲突融合的大学中，带来新的文化整合。商业文化的功利主义和绩效优先，存在与行政文化组成松散联盟的可能。在遭遇学术文化抵制甚至强烈排斥之后，商业文化与学术文化也将在某一界面上获得新的和解。归根结底，创业型大学的创业行动是为了更好地保持大学的独立和发展，市场理念的引入，教学、科研与服务经济社会的职能都要追寻市场的导向，学者合法的知识生产需要接受大学发展战略的调控。

创业型大学内部各种文化的冲突和融合，为大学的发展带来了生机。以创新创业为特征的新文化影响、塑造着大学每一个部门和师生，从而让大学呈现出欣欣向荣的新气象。

4.3　创业型大学的发展模式

研究创业型大学的内涵和特征是要解释创业型大学"怎么样"的问题，而研究创业型大学的发展模式则是探讨创业型大学"怎么建"的问题。

4.3.1 欧洲模式和美国模式

梳理创业型大学发展模式的研究可发现，研究者普遍立足于伯顿·克拉克在《建立创业型大学：组织上转型的途径》一书中所分析的欧洲几所非研究型大学向创业型大学发展的欧洲模式和亨利·埃茨科维兹在《麻省理工学院与创业科学的兴起》一书中以麻省理工学院为代表的美国研究型大学向创业型大学发展的美国模式。英国沃里克大学的创业型大学建设是典型的欧洲模式，美国麻省理工学院创业型大学建设是美国模式的典型代表。两种发展模式既有相同点，又有区别。就相同之处而言，二者创业转型发展的基础都是建立在学术资本转化上，学术资源是创业型大学建设的基础；二者都与本区域内的政府、产业建立了密切的联系，通过与外部紧密的联系，把握学术资本化的有利契机，实现成功创业。就不同之处而言，二者创业发展的出发点不同。欧洲模式普遍是在公共财政拨款缩减，面临生存发展的危机下的转型自救。开启创业型大学发展的直接目的，是开拓资金的来源渠道，扩大资金收益，发展壮大学校规模。美国模式中的研究型大学有着较长的发展历史和良好的学术声誉，并不存在面临生存危机的问题，此类大学关注更多的是基于对科学研究与产业部门、政府部门的长期合作中自然产生的创业机会的有效利用，研究、开发、转化都是水到渠成式的自发行为。麻省理工学院建立的1/5原则就是顺应这种形式，在学校内部进行自我调适。正是由于欧洲模式是"救亡图存"，因此，开展创业型大学建设是全校的整体战略，创业活动"自上而下"，学校的管理系统和学术系统相互支撑。在组织架构上，其采用的是直线职能制的组织结构。这种组织结构可以保证对有限资源的高效运用，确保校级层面的集中指挥，以及基层单位工作的专业化和高效化。基层除了传统的学术单位外，还有与之并列的跨学科研究中心。这种由不同领域的专家组建的科研中心，更容易解决来自现实的应用课题。在资金上，这类大学将资金集中管理，各下属单位的创收都要纳入学校的统一账户，学校再根据一定的标准重新决定创收资金在各个院系之间的分配。相比较而言，美国模式的创业型大学采取的是"自下而上"的"松散分散式"的创业转型发展形式。几个在长期发展中形成的一流学科中心、实验室的负责人在与政府、产业的合作中，把握机会，将科技成果成功转化。教授们在与产业部门的不断合作中，也完成了身份的转变，由学者转型成为创业型科学家。学校的管理为了适应这种新变化，采用了事业部制的组织结构。学院、实验室或研究所等基层学术组织作为一个相对独立的单位，具有在经营和决策上的自主性，有的甚至具有独立的财务核算权力。

4.3.2 应用技术性与学术创新性

欧洲发展模式和美国发展模式是以地区创业型大学发展的不同特点进行的比较。要区分创业型大学的不同发展模式，就要分析它们本质上的区别。我们引入了应用技术性创业型大学和学术创新性创业型大学的概念（以下简称应用性创业型大学和创新性创业型大学）。应用性创业型大学与走欧洲模式、创新性创业型大学与走美国模式在外延上分别一一对应，二者形式上的区别在于发展的主体不同，前者一般都是非研究型大学，后者则是研究型大学，实质上的区别在于二者的学术资源特性不同。我们根据学术资源在知识领域的高深程度，将其分为尖端学术资源和普通学术资源；根据学术资源转化为学术资本的难易程度，将其分为应用性学术资源和基础性学术资源。据此，可以按照学术资源的尖端性和应用性两个维度及其强弱组合，将学术资源分为四类：位于第一象限的是"尖端—应用"性学术资源，位于第二象限的是"普通—应用"性学术资源，位于第三象限的是"普通—基础"性学术资源，位于第四象限的是"尖端—基础"性学术资源。如

图 4.1 所示。

图 4.1　学术资源分类二维象限

走欧洲模式和美国模式，开展创业型大学建设的高校在学术资源的特性和体量方面都是不同的。走欧洲模式的大学一般是建校时间不长，学术积累还不丰厚的非研究型大学。这些发展资源有限的大学对高等教育政策和高等教育市场的变动特别敏感，公共财政的缩减、招生的竞争都极大地影响这些学校的生存发展。它们开展创业型大学建设的策略是利用"普通—应用"性学术资源，根据区域与经济社会发展的需要，整合校内资源，利用提供具有可以快速转化的应用技术和培养的应用人才，通过外部条件转化为学术资本，获取发展资源。走美国模式的大学一般是具有较深的历史积淀和丰厚的办学资源（学术资源、校友资源等）的研究型大学。它们完全可以依靠"尖端—应用"性学术资源在技术市场和人才市场获得优先的地位，具有较强的议价能力，甚至会自主地将创新成果变现成学术资本，并通过内部的制度安排又将学术资本转化为优质的办学资源，从而使大学"强者更强"。

在前面的论述中我们可以看出，创业型大学建设的关键一步是可以提供社会需要的具有学术特征和使用价值的"商品"，也就是科技成果和毕业生（基于科技市场和人才市场的角度）。研究型大学通过提供"高、精、尖"的科技成果和精英人才，获得市场需求方的认可，收获发展的必要资源。它们处在高等教育的塔尖，无论是吸纳政府拨款的能力，还是吸引企业合作的能力，都远远高于非研究型大学。它们培养的毕业生因为良好的学术声誉，在人才市场也受到了广泛欢迎。简言之，研究型大学在科技成果供给和毕业生就业方面有着天然的优势，它们依靠不断的学术创新，提供市场需要的"产品"，具备了成为创业型大学的潜质和基础。非研究型大学开展创业型大学建设的成功实践，从实证的角度证明瞄准应用性这一特点，来设计科技成果和培养人才，同样具有成为创业型大学的可能。应用技术和学术创新的基础是应用研究与基础研究。应用研究有着转化时间短、创造价值快的优势。问题导向的应用研究就是面对生产实践的现实问题，给出技术或环节的解决方案，在直接解决问题的过程中，提高生产效率，获得额外收益。比如沃里克大学的工程集团建设，最初就是基于解决企业工程领域的实际问题而发展壮大的。当然，应用研究也存在容易被模仿，效益收益率逐渐递减的劣势。沃里克大学逐渐崛起的商业教育吸引了大量国内外生源，丰厚的学费收入成为大学经费的重要来源。由于应用研究一般门槛不高，很难形成技术壁垒，在价值的转换过程中，知识产权的保护难、收益低，并且随着技术的普及，收益率还会逐步下降，因此容易面临着后发的竞争。比如沃里克大学的商业教育就面临很多后发学校的激烈竞争。学术创新是基于学科的长期积累而发生的具有突破性的创新行为，一般都是某个学科领域具有一定影响力的发现和创造。学术创新的卓越性往往带来一系列生产领域的巨大变化，带来较大的收益。如麻省理工学院在与美国军方合作的过程中而形成的在通信、能源等领域的领先地位，使他们在这些领域有着丰富的学术创新成果，成为引领这个领域行业发展的知识支撑。丰厚的学术创新建立了知识的天然壁垒，学术的独创性和先进性也转化为学术资本的优质资源。因此，这类大学相对容易在创业型大学建设中占有先机。然而，学术创新的路径选择是可遇而不可求的，多年的历史积淀和几代人的学术积累是走学术创新道路的必要条件，而变革创新、敢于冒险的精神又是发展成为创业型大学的充分条件。有着历史积淀和丰厚学术资源的研究型大学，在发展的道路上有更多的选择，而真正要开展创业型大学建设，的确需要学校领导者的勇气和智慧，因为这不仅是借助市场的力量来做强大学的战略选择，也是平衡商业文化和学术文化，开展大学内部改革的新挑战。比较而言，应用性创业型大学的发展模式就是利用普通—应用型的学术资源，通过微创新，集中自己的优势资源，瞄准区域经济社会发展的需求，打造一类或几类应用技术成果，明确培养具有创业素质的应用型人才，通过对社会需求的精准投送，获得利益相关者的肯定，实现学术资本的生成。它们跟那些中小企业创业者一样，避开大企业的锋芒，寻找市场的"蓝海"，或者是在"红海"里寻找微小的空隙。它们并不回避"高、精、尖"，但是它们主要寻求"新、奇、特"。新，是体制新、政策新，它们寻求自身的机制创新，争取外部的体制改革，用新体制机制调整陈旧的生产关系，通过革新生产关系，提高学术生产力；奇，是剑走偏锋，避开研究型大学的学科强项，或者是主攻某一领域的应用技术，为产业提供具有快速转化的科技成果和直接上手的应用人才，突出知识转化的"短、平、快"；特，是特色发展，聚焦主业，形成拳头学科和专业，力争成为某一行业有代表性的技术解决方和人才供给方。

4.3.3 应用性创业型大学发展的模式

（1）创业模型的启示。Timmons 教授是美国百森商学院著名的创业学研究专家，他在《新企业的创立》一书中提出了著名的 Timmons 创业模型。大学向创业型大学发展的过程，其实就是以大学作为创业主体，将学术资本作为重要创业资源，把握有利的发展机遇，开展持续的创业行动的过程。发展创业型大学，事实上是开展"有组织"的创业。因此，用创业模型来解释创业型大学的创业过程同样具有适切性。据此，我们将 Timmons 创业模型引申为应用性创业型大学的创业模型，如图 4.2 所示。

图 4.2 应用性创业型大学的创业模型

（基于 Timmons 创业模型）

创业模型揭示了创业活动的内在机理。一是创业者（大学、创业团队）、机会、资源是创业的三要素。创业活动需要有合格的创业者、有利的创业时机和足以支撑创业的各类重要资源。二是创业过程是机会先导、资源支撑、团队协作的持续过程。识别与评估市场上的创业机会是开展创业活动的逻辑起点，围绕创业机会调配创业资源是开展创业活动的重要内容，根据创业战略组建创业团队是确保创业成功的重要基础。三是创业过程是创业者与机会、资源其中某一个要素不断整合和寻求平衡的动态过程。不同的创业类型，创业开始的阶段拥有不同的创业机会和创业资源比例，在创业的进程中，二者的比例还会发生变化。因此，需要创业者不断进行调整，使三者之间始终处于一种动态的平衡状态。

创业模型给予创业型大学建设的启示在于：一是寻找建立创业活动的三要素。在创业型大学中，大学是创业的主体，包括大学的领导、师生等全体人员都是大学创业活动的创业者，他们构成了创业团队；知识经济的来临为大学创业提供了普遍的机会，然而对于个体大学而言，真正意义上的创业机会是在客观分析本校基本情况的基础上，建立新的发展模式，并在对接区域与经济社会发展的潜在需求中产生的；广义的创业资源包括大学的固定资产和无形资产，这里讨论的创业资源是狭义的创业资源，主要是指大学的学术资源。激活学术组织的生产活力，生产符合社会需要的学术资源是创业型大学建设的重要基础。二是大学创业的模式是寻找创业机会，激活学术资源，打造强有力的创业团队。寻找创业机会的过程，事实上是绘制大学创业蓝图的过程，是大学制定发展战略的过程。例如，浙江农林大学将建设生态性创业大学上升为发展战略，并根据服务定位，确定了"1030"战略，即 10 个重点领域及 30 个优先主题。激活学术资源，一方面是围绕创业机会，调整、整合学科和专业资源；另一方面是通过制度设计激发院系活力，建立有利于学科汇聚、科技成果产出和转化，以及创业人才培养的平台。例如，浙江农林大学通过建立"一个管理平台，十个研究中心"，围绕发展战略重新组织研究教学资源。打造强有力的创业团队是将创业战略贯彻落实的重要保证。一方面是在校级层面统一思想，建立分工协作的创业管理团队；另一方面是通过制度设计，形成有组织的科技创新团队，实现成果、转化集团作战的格局。组织改造、制度创新和创业文化营造是加强创业团队建设的重要手段。国内外创业型大学都设有专门负责大学创业活动的部门，有着明确的利益分配机制，在校园里普遍洋溢着浓厚的创业文化。

（2）应用性创业型大学的发展模式。在创新性创业型大学和应用性创业型大学的对比分析中，我们看到二者的发展路径有着不同的特点：创新性创业型大学的发展形态一般都是自下而上的过程，发展的动力是创新成果驱动的结果，发展的过程具有自发性和渐进性的明显特征。应用性创业型大学的发展形态是自上而下的过程，发展的动力是市场驱动的结果，发展的过程相对于创新性创业型大学而言，具有比较大的激进性和主动性。从农林本科院校向创业型大学转型的实际情况看，我们认为它们主要应该走一条应用性创业型大学发展之路，因此我们根据 Timmons 的创业理论，以应用性创业型大学的发展模式为例做理论上的探讨。

①寻找创业机会，制定发展战略。发现、捕捉创业机会是大学创业的逻辑起点。发现、捕捉创业机会是一个双向评估的过程：一方面要立足于学校发展的历史基础和现实定位，另一方面要对区域和经济社会发展的需要做深入分析。大学首先要对自己在服务国家和区域经济社会发展的地位和作用进行合理定位，并对自己的优势和特色学科和专业有清楚的认识。所谓合理定位就是要厘清学校的隶属关系、学校规模、服务对象、社会影响等方面的确切情况。所谓优势和特色学科就要看在科研、人才培养、服务社会功能上是否优于其他学科；就是要看在学科建设上是否有着独特的资源优势；就是要看是否有着广阔的社会需求。区域和经济社会发展的需求，从时间跨度看有现实的需求和未来的需求；从实践层面看，有直接的需求和潜在的需求；从范围上看，有系统的需求和局部的需求；从种类上看，有经济方面的需

求、政治方面的需求、文化方面的需求；从主体上看，有国家的需求、区域的需求，有政府的需求、产业的需求。大学要在自身办学基础上，客观理性地分析经济社会需求，从能满足需求和获得收益两个角度，建立起学科和社会需求的必要联系，形成创业的突破点。需要注意的是，创业机会的生成，一方面是学校主动作为，积极争取的结果；另一方面也是政策环境变化，主动形成的结果。创业机会的产生很大程度上源于创业主体的敏锐性和主动性。创业机会是大学创业的逻辑起点，而建设创业型大学的战略决策则是创业机会产生的先决条件。

战略是组织根据愿景和使命制定的长期基本目标，是组织行为和资源配置的主要依据。开展创业型大学建设事关大学发展的根本方向，事关大学的生存和发展，事关全校师生的切身利益。因此，确立战略时一定要进行前期充分的论证，在对内、外部环境进行深入分析，对环境给予的机遇、挑战和自身竞争力具有深刻而清楚的认识的基础上，制定周密的战略规划。

制定战略规划要正确处理四种关系。一是处理好发展的根本性目的和阶段性目的的关系。大学的根本性目的是人才培养，推动社会进步。建设创业型大学是通过实现阶段性目的，巩固和加强根本性目的，阶段性目的的实现是为了服务根本性目的。创业型大学的阶段性目的是积累学术资本、转化学术资本，提高学术生产能力，获取学校发展资源；根本性目的是全面提高大学办学水平，提升大学的职能作用。根本性目的和阶段性目的的区别，就是要始终保持大学的独立性，而不至于在与多方协作和参与市场的行为中，丧失之所以成为大学的本质。二是处理好外延发展和内涵建设的关系。扩大学校发展规模，拓宽学校发展的外延，开展多学科建设有助于提高学校的影响力，适当的规模是做大做强大学的基础。然而，由于资源的有限性，建设创业型大学就一定要集中优势资源，发展一个或几个优势学科，形成带动作用。资源整合，提升内涵，提高知识研究、教学和应用的效率和效果，是建设创业型大学的重要策略。三是处理好学术价值和社会价值的关系。建设创业型大学，引入市场机制很容易导致过分趋向功利主义等问题。在制定战略规划时，一定要站在全校的整体层面和学校可持续发展的长远层面，建立合理的利益分配机制，形成防止商业利益侵蚀的"防火墙"，保持学术生产的独立性和客观性，争取在学术价值和社会价值之间寻找最大公约数。四是处理好应用研究和基础研究的关系。基础研究的重大突破往往孕育更多更高水平的应用研究的产出，在创业型大学建设中，学校要根据自身的研究能力，合理确定基础研究和应用研究的比重，在关注解决现实问题的同时，还要有一定的前瞻性。创业型大学建设的基础是具有转化价值的学术成果，关注研究的应用价值、建立研究立项的问题导向是确保实现学术资本化的前提。因此，无论是基础研究还是应用研究，都要确保研究的价值实现。

最后，战略规划的制定要注重研究、教学与创业的融合。大学实施创业型大学建设战略，要统筹考虑知识的生产、传播和应用的每一个环节，要将教学、科研和知识资本化紧密结合。创业型大学建设的核心是丰厚的学术资本，研究生产知识是产生学术资本的前提条件，传播知识、应用知识是将知识学术价值转化为经济价值和社会价值的重要模式。要想提高学术资本转化的效率，就要将创业融入研究、教学、应用等每一个环节，建立问题导向、需求导向的科研模式，注重市场、社会对大学的学术成果（人才和科研成果）的及时反馈，建立一套兼顾利益相关者意见的反馈和动态调整机制，使大学能够对外部社会、经济、文化、企业的需要做出快速反应，及时提高教学、科研和社会服务的效率。要在校级层面主动提高大学在教学、科研和社会服务的组织化（整合）程度，避免学术活动散兵作战、个体攻关的情况。各大学要有意识地培育学术团体集团作战，申报大课题和提供重大社会咨询和科技服务，提高学术影响力。

总之，寻找创业机会、制定发展战略是发展创业型大学的第一步，也是奠定创业型大学建设基础的重要一步。机会的选择是寻求发展的突破口，制定战略是绘制发展的蓝图，这些工作是创业型大学建设的先导工作，影响并决定激活学术资源，打造强有力的大学领导层等其他工作。

②激活学术资源，开展协同创新、协同育人。围绕创业机会，激活学术资源，大学就要整合现有资源，开拓利用新的资源。发展创业型大学最核心的资源就是学术资源，整合现有资源需要建立科技资源共享平台，高效统筹利用现有资源；需要激活基层学术组织的创新热情，鼓励学科联合发展。而开拓利用新的资源就要拓展学校的发展外围，开展协同创新、协同育人。

整合现有资源。一是要建立起科技资源共享平台。建立科技资源共享平台，提高资源利用效率，与获取新的资源同样重要。正像吴淑娟指出的那样："一所高校的社会地位和办学实力，不仅取决于所拥有的资源的数量与质量，而且取决于其对资源的开发利用效率，前者是高校办学的必要条件，但它与办学效益，办学水平并不完全成正比；后者才是高校获得持久竞争优势的关键。"建设创业型大学，不仅要着眼于新资源的开发和获取以及学术资本的转化，同时要通过提高资源的利用效率，提升大学的竞争力。科技资源共享平台与科技资源专享平台相对应，是校级统筹的公共资源平台。对于具有普遍功用的科研资源进行统一的调度和建设，可以减少资源的浪费，提高学术资源的利用效率；对于共同使用公共学术平台的研究者而言，也有助于促进学术交流、相互渗透和借鉴，提高研究能力。建设科技资源共享平台，就是要建立一种科技信息、科研项目、科技成果共享机制。科技资源共享平台建设的难点是如何发挥平台的自我调整作用，最大化地提高各类资源平台的利用效率，发挥其最大作用。市场机制是资源配置的有效手段，在科技资源共享平台建设中引入市场机制，是解决资源平台运行效率问题的有效手段。市场机制发挥作用的过程，是一个独立的市场行为主体基于自身利益最大化目的决定自身行动策略的过程，而各行为主体在追求自身利益的过程中，客观上能使社会资源得到合理的配置。学科组织是利用资源平台的最直接组织单位，因此，要发挥市场作用建设资源共享平台，首先要赋予学科组织在资源配置中的主体地位。发挥市场机制的重要基础是确立市场的主体，并赋予市场主体独立决策的地位。在生产领域，企业是天然的市场主体；而在大学，由于学科组织学术生产的基础性，它应成为资源平台利用的主体。资源共享平台建设的重点是要通过制度设计将资源共享平台由共享产生的收益更好地返回到学科建设中去，做好必要的生产积累，保证学科生产的扩大和可持续性。科技资源共享平台建立的根本目的是提高资源利用效率、提高学术生产水平，因此要确保科技资源共享信息的及时发布，降低共享过程的信息成本。市场交易活动不仅仅是建立在物质基础上，更是建立在信息基础上的。当供给与需求的信息不能及时交汇时，则交易也不可能有效地完成。因此，在科技资源共享平台的市场调节模式之下，建立科技资源共享平台的信息发布机制，是一项不可或缺的基础性工作。事实上，信息成本过高是目前制约各类科技资源共享平台项目有效运转的重要因素。二是激活学术组织。学术资源的生成是以知识的生产、传播和应用为中心的，基层的院系是学术资源生产的主要部门，学科组织是学术生产的基础组织。发展创业型大学，激活学术组织，就要在战略上和决策层面上体现集权思想，在战术层面、操作层面上要实行分权和权力下放；主要是扩大专业人员的学术权力，在一定程度上削弱职能部门的行政权力。要在管理体制上赋予基层学术组织的知识传播、应用与生产所要求的自主权力；在分配体制上向基层学术组织倾斜，激发基层学术组织的创新热情，从而创造更加丰厚的学术资源。大学以学科为基础实现了大学传播、应用、融合和创造高深学问的功能。从目前的情况看，与学术有关的各类资源的配置权主要集中在学校以及院系层面上，作为承载大学学术活动最基本单位的各类基层学术组织，缺乏必要的资源调配自主权。这种权责不相匹配的情况无益于高效利用资源，无益于合理分配资源，更不能充分调动基层学术组织的创新活力。学科组织的设置既体现着学术的专业性，同时又处在学术生产的第一线。因此，要赋予学科组织在学术生产领域的独立自主的权利。其次，要赋予学科组织必要的理财权，使它能够在资源优化配置中获得收益。学科组织一旦能够在优化资源配置的过程中具有自主权，能够决定研究什么项目，何时研究项目，如何投入能保证效益最大化，就会大幅提高资源利用率，从而产生更大的收益。而建立这样的激励机制，在现行的学校内部管理体制中却又难以实现。归纳原因主要在于，在现行管理体制下，学科的经费使用受到很多条条框框的限制，经费使用的结构和范围都在先期有了明确的规定。而实际情况中，由于不同学科组织面临的不同情况和自身发展处在不同的阶段，对于经费的使用有着不同的需求，同样一笔经费是购置设备，还是引进人才，对于不同的学科组织处在不同的时期是有不同选择的。大学能够意识到这种差异性，并在制度设计上服务差异需求，才会更好地调动学科组织积极性。而许多大学现行的管理体制则忽视了学科组织的差异性，抑制了学科组织高效配置资源的积极性。只有赋予学科组织一定的自主理财权，它才可以根据自己的实际需要，将经费投入边际效用最高的领域，使得整体上学科经费的使用效率最大化，这也是利用内部产权治理的方式激发学术组织创新热情的重要手段。

开拓利用新的资源。一是要建立混成组织。拓宽发展的外围，开拓利用新的资源是激活学术资源、建设创业型大学的必由之路。发展创业型大学，大学就一定要走出传统的"象牙塔"发展模式，打破与外界企业之间严格清晰的边界，与社会建立良好的互动关系，努力与政府和产业建立新型的研究发展与教育合作关系。大学要建立与校外组织和群体联结的专门机构与组织，积极寻求与政府、企业之间的联系和合作，寻找与社会的交叉点，构建新型的"外扩单位"，形成大学与外部机构合作的混成组织，捕捉和挖掘社会需要。混成组织是大学与政府、产业联结的重要枢纽，是学术资源管理、学术资源转化的重要职能部门。正是这些混成组织的出现，将学术资源生产、管理、转化联结成一个完整的系统。混成组织通过学术成果披露、技术评估、营销谈判、技术许可、项目管理、市场调查、后续服务、收取技术许可费等工作，将学术资源转化为学术资本。混成组织的人员应具备丰富的经济知识、法律知识和市场营销经验，同时，他们还要对产业行业的技术知识有一定的了解，能准确判断技术市场的走向，准确评估学术成果的市场价值。正如斯坦福大学技术转移办公室主任凯萨琳·古女士（Katharine Ku）所说："成功的谈判需要对技术的理解，如果不懂市场也不理解技术，不了解一项技术的强项和弱点，你是无法顺利完成一项技术交易的。"混成组织主要以三种形式出现：第一种形式是学校的办事机构，从事知识的转让、工业联系、知识产权开发、资金筹集以及继续教育；第二种形式是以政府、企业的研究项目为攻关目标的研究中心，这些研究中心跨越老的学科边界，在学科和外部世界之间处于中间地位，把校外许多试图解决经济和社会发展中的很多重大实际问题的研究项目带到大学；第三种形式是自经营组织，就是与大学有着明确的产权关系，按照学校授予的权限开展具有自主经营性质的公司企业、科技园等经营主体，直接参与市场竞争，实现学术成果的直接转化。学校的办事机构是大学拓展发展外围，建立与政府和产业广泛联系的介于学校内部和外部之间的组织，包括技术转移办公室、创业管理处等。研究中心是参与市场行为的大学与产业、政府部门合作建立的一种新型组织，它兼顾各自不同的价值取向和利益诉求，是介于大学、产业、政府之间的混成组织。建设研究中心的目的就是打破大学、产业、政府之间的利益壁垒，构筑起合作的桥梁，形成协同合作之势。大学的自经营组织是大学直接利用自己的学术成果开发建设的经营实体（或具有控股权的经营实体），包括国际会议中心、校办企业、大学科技园等。它们既是直接的创收部门，也是服务创业、支持创业的重要部门。自经营组织具有生产经营和教学科研的双重属性，它们既是大学创收的重要部门，也是开展人才培养和科学研究的重要组织，这是由创业型大学的性质决定的。大学自经营组织可以通过建立分公司和分基地等形式，以母体组织为依托，推广和扩散技术成果，实现学术资本转化的规模效益。

协同创新、协同育人。激活学术资源的实质是提高大学应用技术成果和创业人才的供给水平。应用技术成果的生成、创业人才的培养，需要学科的交叉和融合。协同创新、协同育人，是创业型大学建设的重中之重。大学需要以需求为导向建立跨学科的研究中心，开发转化更多的、高质量的创新成果，普遍开展创新创业教育，推进创新创业教育与专业教育的融合。基层学术组织要打破部门边界、层级边界，建立高绩效的新合作型跨（交叉）学科研究中心，使大学成为矩阵结构，进一步实现大学学术效率和价值。《高等学校创新能力提升计划实施方案》(教技〔2012〕7号)提出，要以国家重大需求为牵引，以体制机制改革为核心，以协同创新中心建设为载体，以创新资源和要素的有效汇聚为保障，转变高校创新方式，提升高校人才、学科、科研三位一体的创新能力；突破高校与其他创新主体间的壁垒，充分释放人才、资本、信息、技术等创新要素的活力，大力推进高校与高校、科研院所、行业企业、地方政府以及国外科研机构的深度合作，探索适应不同需求的协同创新模式，营造有利于协同创新的环境和氛围。建设创业型大学，要加快摆脱旧体制下长期分割的科研单位体制，加快建立新的合作型跨（交叉）学科研究中心，促进不同学科的交叉、融合，为新兴学科和交叉学科的诞生创造开放的学术生态环境，为研究力量的集聚和整合，有效提高资源利用率，实现重大课题的突破创造条件。建设创业型大学，要将创新创业教育与高校的科学研究和成果转化工作相结合，整合资源、激发潜能、优势互补、形成合力，提高创业人才培养水平。要充分利用、激活现有资源，提高协同创新中心、大学科技园和大学产业企业的育人功能。向大学生初创企业开放大学技术转移中心、大型科学仪器中心、分析测试中心、计算中心等；聘任符合条件的大学生利用课余时间和假期到现有平台担任科研助理或实验助理，鼓励有潜质的大学生依托平台开展科研活动，参与科技成果转化和学术创业，并通过建立完善的协同机制，全面提升高校科技成果转化成效，提升高校创新创业能力，培养更多的创新创业人才。

③建立支撑平台，打造强有力的创业团队。创业型大学的创业团队，是以大学校级领导为核心、全校师生为基础的整个学校的人力资源的集成。打造强有力的创业团队，首先要完善校级领导层的组织机构；其次要加强制度创新，建立适应创业型大学建设的组织制度；最后要积极营造以鼓励创新创业为特征的大学文化，持续加强大学的软环境建设。

目前，我国大学实行的是学校党委领导下的校长负责制。校长是大学的法人，学校党委对学校工作实现全面领导。发展创业型大学，在校级领导层面要进一步加强学校发展的自主权，适当集中决策权；建立组织实施大学创业的议事协调机制，明确具体负责大学科技成果转化的负责人，突显大学创业特征。首先，要进一步提高大学的办学自主权。大学创业的前提是大学作为独立的主体有投资、收益的权利。教育部等五部门出台的《教育部等五部门关于深化教育领域简政放权放管结合优化服务改革的若干意见》明确提出，要破除束缚高等教育领域改革发展的体制机制障碍，进一步向地方和高校放权，给高校松绑减负、简除烦苛，让学校拥有更大的办学自主权，激发广大教学科研人员教书育人、干事创业的积极性和主动性。文件在学科专业设置、编制及岗位管理、选人用人环境、教师职称评审、薪酬分配、经费使用管理、学校内部治理等七个方面，进一步简政放权，为创业型大学建设提供了良好的政策保障。其次，优化校级领导结构。英国的沃里克大学提供了一种崭新的领导机构设计思路：他们将创收集团与学术委员会分别设立于战略委员会之下，由战略委员会统筹创业和学术事务；学术委员会负责人文科学、社会科学、自然科学三大部类的学术工作，创收集团负责成果转化、商业运营等其他业务；联合战略委员会统筹分配创收集团的收入，主要是依托校级学术委员会与下属三大学术委员会建立的指导关系，依据不同的学科发展战略，区别分类拨给基层学术单位。如图4.3

所示。

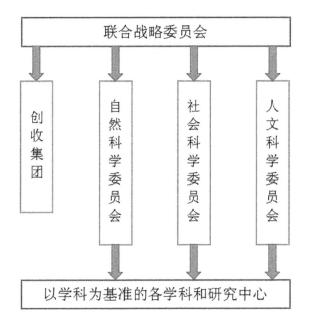

图 4.3　沃里克大学管理模式

联合战略委员会的统一调配，实现了创业收入与学术生产间的有效转换。一方面，根据学科情况选择适宜转化的科技成果；另一方面，用创造的收入反哺学科建设。创收集团与学术委员会分别独立于战略委员会之下，有助于学术管理和创业管理在各自系统的独立运行，降低不同系统的文化冲突。如图 4.4 所示。

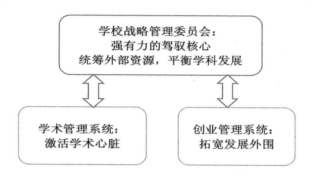

图4.4　校级领导层组织机构

学术管理系统的主要职能是管理知识的生产与传播，提高学术资本的丰厚度，系统内以学术价值为主要遵循和评价导向；创业管理系统的主要职能是寻找外部的学术需求，实现内部学术资本的转化，以商业价值为遵循和评价导向。由于不同的价值导向，两个系统存在潜在的冲突，因此，借鉴沃里克大学的校级领导组织模式，可以建立创业型大学建设指导委员会作为领导大学创业的核心。在指导委员会下分设创业管理系统（创收集团）和学术管理系统，分别负责学术生产和学术转化的不同任务。创业管理系统可以委托一位副校长全权负责，并建立相对独立的管理部门。

开展创业型大学建设是大学发展的一种崭新模式，要想取得预期的效果就要在制度、体制上进行变革，通过创新体制机制，加强大学与外部的联系，优化大学内部的学术生产关系，释放更大的学术生产力。"路径依赖"理论认为，过去的历史会影响以后的发展。改革的最大阻力来源于思维和行动的"惯性"。因此，创业型大学的制度创新一定要跳出旧有的思维模式，扩大思考的广度。国务院印发的《实施〈中华人民共和国促进科技成果转化法〉若干规定》中，明确大学转化科技成果所获得的收入全部留归单位，纳入单位预算，不上缴国库；大学在不增加编制的前提下建设专业化技术转移机构；明确依法对职务科技成果完成人和为成果转化做出重要贡献的其他人员给予奖励；明确大学科技人员在履行岗位职责、完成本职工作的前提下，经征得单位同意，可以兼职到企业从事科技成果转化活动，或者离岗创业。在积极推进"大众创业、万众创新"的背景下，这一规定的出台及时突破了大学师生创新创业的制度障碍，是及时推进大学创业、激发师生创新创业热情的制度安排。建设创业型大学要及时细化政策，把握机遇，率先而为，将政策制度的红利用好。

建设创业型大学需要形成教学、科研、创业（服务）三位一体的工作格局，打破大学自我发展的固有发展模式。因此，要发挥制度创新的作用更需要在影响大学发展的制度环境上持续发力，让制度创新在大学管理、科技管理和产业发展上都有新的体现。例如，以农业产业发展为例，建立以农林大学为依托的农业科技成果推广体系，集中农业管理部门、科技部门和教育部门的资源，打通科技需求和科技供给之间的对接鸿沟，建立人才培养、科学研究、农业推广一体化的工作机制，一定会更好地促进农业产业的发展，更好地发挥农林院校在服务三农工作中的作用，在推动农业现代化建设的同时，又可以做强发展一批农林院校。目前，在全国实施创新驱动发展战略的背景下，这样的制度设计值得探索和实践。

广义上的大学文化应该包括大学的精神文化、物质文化、制度文化和行为文化。精神文化主要指大学的历史传统和发展理念；物质文化是指维持知识生产系统、知识传播系统以及知识应用系统正常工作的物质基础；制度文化指保证大学组织有序、规范运行的一套制度体系；行为文化是大学师生在学校学习、生活、工作中所呈现的精神面貌。精神文化是大学文化的核心，影响和制约着物质文化、制度文化和行为文化的发展，对于大学文化的构建起着决定作用。保障创新创业的物质文化是精神文化和制度文化的载体，构成了精神文化和制度文化的基础和前提；支持创新创业的制度文化是规范指导物质与行为文化运行的标尺，使文化的运行在合理的区间；行为文化则是精神文化、制度文化在实际生活中的具体体现。向创业型大学转型是大学组织的一次转型，体现在文化上则是大学文化的一次重构。没有创新创业文化的大学，是无论如何不能称为创业型大学的。

①精神文化建设。向创业型大学转型的大学要从学校的发展

历史中寻找创新创业的精神元素，在新的发展理念中融入创新创业精神的内涵，并善于总结、挖掘这些自身天然的精神品质，将其转化为在新的领域干事创业的精神力量。对于精神文化的建设，学校管理者的作用至关重要，领导集体的发展理念、精神风貌，对于建构大学的精神文化将起到提纲挈领的作用。学校领导团队要有企业家精神，具有战略思维和开拓精神，对外部环境具有高度敏感性，善于发现机会，具有与外界建立伙伴关系的能力。企业家精神被认为是创新创业文化的精髓，敢于开创新的道路，进行新的尝试，引入新的资源，这种"敢闯、敢干"的精神对于创业型大学转型实践至关重要。

②物质文化建设。物质文化建设融合在组织改造和科技资源共享平台的建设中，维持知识运行的各个系统，一方面构成了物质文化的基础，另一方面也将创新创业文化以固化的形式呈现出来。

③制度文化建设。一系列的鼓励学术创业的制度文件，不仅规范了大学内部和外部的创业行为，也形成了独特的创新创业制度文化。从大学的目前情况看，比较迫切的是重建评价体制，建立以效率与质量为导向的大学评价制度；建立知识资本化制度，保障学术生产者的权益；建立新的分配制度，鼓励创新创业；重建评价体制。高校管理部门要按大学类型进行评估，不同的大学

类型和层次有不同的质量标准，要形成同类大学竞争，不同类型大学相互补充、协调发展的格局，使每一类型、每一层次都有一流学校，从而建立促进大学战略差异化定位的良好外部环境。同时，要优化按学科评估排名的方法，鼓励创业型大学提高学校的学科定位和战略任务定位的能力，将自身优势学科的发展和培育作为学科建设的重中之重。在大学内部要健全制度，鼓励各部门、各学科、各成员根据学校的战略，有计划、有步骤地发展和培育优势学科，既能单兵推进，又能集团攻关。考评尤其要重视人才培养质量和科研质量，要将大学的教学、科研和社会服务分别评估，按评估的等级分别向大学下拨教学和科研经费，建立鼓励知识资本化的专利制度。专利权所赋予的权利能够防止他人未经专利权所属的组织或个人同意，擅自使用发明，这通常都出于经济方面的目的。获得专利权之后，大学就可以有条件地公布所有者的知识，政府以强制力禁止对该知识未经授权的使用。专利制度促进了知识的资本化，大大地激励技术的创新，并促进知识转化为生产力。创业型大学将通过专利制度保护教师和研究中心的科研成果，实现知识和科技的商业价值，进一步促进创业和创新。建立合理的分配制度。各所大学如果要向创业型大学转型，就需要建立有利于激发人才创造性的激励机制，改革现有的分配制度。新的分配制度一方面要激发学术资本生产者的积极性，同时又要保证学校运行的整体稳定性，在眼前利益和长远利益的平衡间确立合理的分配方案。行为文化是精神文化、物质文化、制度文化在师生身上的具体外化。创业型大学的行为文化主要体现为师生的首创精神、成功欲望、敢于冒险、以苦为乐、机敏及强烈的事业心，也就是熊彼特所说的自主创新精神。创新创业精神是创业型大学的灵魂，创新创业文化的形成也将伴随着创业型大学的建设贯穿始终。

Timmons 创业理论视角下的创业型大学发展路径是机会、资源、团队三要素互动平衡的过程，而在新制度经济学视角下的创业型大学发展过程，则是在有效制度下的诱致性制度变迁的过程。创业型大学的建设不能脱离外在制度环境的保障。正如前文所述，我国的政治、经济、文化、科技、人口结构等方面都在发生着深刻的变化，大学特别是地方本科大学要适应这种变化，就要做出相应的调整。作为国家创新重要组成部分的大学，在"大众创业、万众创新"的时代背景下，在一系列有效制度（《中共中央　国务院关于深化体制机制改革加快实施创新驱动发展战略的若干意见》《教育部财政部关于实施高等学校创新能力提升计划的意见》、教育部等五部门出台的《教育部等五部门关于深化高等教育领域简政放权放管结合化服务改革的若干意见》等政策文件）的促进下，应发挥关键组织的作用，合理追求预期收益，主动、自觉、渐进地开展制度变迁，实现大学组织创业功能的最优化。创业型大学的内部建设过程，同样是制度变迁的过程。新的评价制度、专利制度、分配制度，以及大学创业文化建设等，事实上也是大学内部制度的重构。新制度经济学从制度设计的角度阐释了创业型大学建设中制度建设的重要意义，以及保障有效制度变迁的注意事项。吴敬琏认为："如果我们热心于发展我国的高技术产业，就应当首先热心于落实各项改革措施，建立起有利于高技术以及相关产业发展的经济和社会制度，只有这样的制度安排，才是推进技术进步和高技术产业发展的最强大的动力。"良好的制度建设是催动创业型大学建设的重要条件，成功的创业型大学建设一定是有效的外在制度保障和内在的制度重构良好互动的结果。

只有从多学科的视角对创业型大学发展过程进行审视和分析，才能发现创业型大学建设的内在奥秘，揭示创业型大学发展路径的规律，为创业型大学建设提供理论上的支撑和指导。显然，创业、战略管理、新制度经济学等理论，都为分析研究创业型大学的发展模式提供了视野上的借鉴。

本章小结

　　创业型大学的重要活动是以大学为主体的学术创业。知识经济的来临为学术创业提供了机会，学术资源成为创业的学术资本，具有变革与创新精神的大学通过市场渠道实现了学术资源的转化。本章在以往对创业型大学实然研究的基础上，从研究创业型大学的本质入手，对它形成的要素进行了梳理和分析，认为创业型大学是在知识经济的背景下，充分利用区域与国家经济发展过程中出现的新机会，通过组织创新和职能拓展，实现将学术资源转化为学术资本，并利用学术资本带来的发展资源，不断发展壮大的新型大学。创业型大学的本质是具有变革和创新精神的大学的学术创业，是大学通过主动调整内部的生产关系，解放生产力的实践。创业型大学的"型"与研究型大学的"型"不是并列的概念。事实上，创业型大学的"型"更具有动态的意味，是对大学创业过程的概括，是一个现在进行时的概念，是对有这一类行动特征的大学的统称。

　　创业型大学在组织、职能、文化等方面具有独有的特征。在组织方面，具有强有力的领导核心和跨越传统边界的创新组织；在职能方面，创业精神有机地嵌入教学、科研和服务经济社会发展中，成为创新创业文化的策源地；在文化方面成为弘扬创新创业文化的策源地。

创业型大学在实践中呈现出两种不同的发展模式，被约定俗成地称为欧洲模式与美国模式。前者一般都是非研究型大学，后者则是研究型大学。其实质上的区别在于二者的学术资源特性不同。根据学术资源在知识领域的高深程度，将其分为尖端学术资源和普通学术资源；根据学术资源转化为学术资本的难易程度，将其分为应用性学术资源和基础性学术资源。按照学术资源的尖端性和应用性两个维度及其强弱组合，将学术资源分为四类："尖端—应用"性学术资源、"普通—应用"性学术资源、"普通—基础"性学术资源、"尖端—基础"性学术资源。欧洲模式开展创业型大学建设的策略是利用"普通—应用"性学术资源，可以称为应用性创业大学；美国模式开展创业型大学建设的策略是利用"尖端—应用"学术资源，可以称为创新性创业型大学。农林本科院校创业型大学转型走的是应用性创业型大学发展模式。我们根据 Timmons 的创业理论，从创业机会、创业资源、创业团队三个维度对应用性创业型大学的发展模式进行了研究分析。创业机会维度：寻找创业机会，制定发展战略，是大学学术创业的逻辑起点。创业资源包括：充分利用现有资源、开发拓展新资源，通过协同创新、协同育人激活重要的人力资源。创业资源的重点工作是激活资源，要通过组织结构和组织制度的变革，优化资源配置，挖掘发展潜力，实现发展突破。创业者（创业团队）建设：包括完善校级领导层的组织机构，加强制度创新，培育以创新创业为特征的大学文化等，其目的是要形成强有力的领导核心，通过有效调动全校师生积极性，构建创业联合体。创业机会、创业资源、创业团队三个维度各有侧重，相互作用，动态发展构成了应用性创业型大学的基本发展模式。

第 5 章

农林本科院校向应用性创业型大学转型发展研究

5.1　我国农林本科院校的历史与现实审视

党的十九大报告提出，实施乡村振兴战略，要坚持农业农村优先发展，加快推进农业农村现代化，要培养造就一支懂农业、爱农村、爱农民的"三农"工作队伍。我国农林产业正进入到从传统农业向现代农业转变的重要时期，农村发展正迎来振兴发展的新机遇，加快提高农林科技创新对农林产业发展的贡献度，加快培养一批新型职业农民正变得刻不容缓。这种难得的战略机遇期的来临，对于那些受到农林产业弱质性的影响，而在高等教育发展中处于不利地位的农林院校而言，是一次提升地位，实现成功转型跃迁的重要机遇。传统农业向现代农业的转型是改变我国农业产业低门槛，低附加值的重要跨越，必将极大的推进农业产业的快速发展。而农业产业的快速发展，必将使围绕农业生产的产业链变得生机盎然，传统农业向现代农业的提升，传统的"农村"向"新农村"与"城镇"的转变，以及"新农民"的培养无不蕴藏着巨大的发展空间，这些都为农林院校的转型发展提供了良好的产业环境基础，为充分发挥农林院校人才培养、科学研究、服务社会职能提供了难得的机会。

农林本科院校普遍有着长期的农林相关专业的办学历史，有着比较深厚的农林学术资源，与农林产业建立了比较广泛的联系，更重要的是农林学科明显的应用性特征，使得农林学术资源更易于转化为学术资本。农林本科院校有着向应用性创业型研究农林本科院校向创业型大学转型发展，就是探索如何以农林院校为主体，以成熟且具有市场发展前景的农林科技成果为资源，以具有创新创业知识和能力的学校师生为依托，使农林院校可以在新的渠道获取新的办学资源，从而反哺学校学科、师资队伍等建设，补齐发展的短板。

5.1.1 我国农林本科院校历史沿革

"高等农林院校"是指以农学学科门类为主，涵盖其他学科门类的普通本科院校。目前，全国共有 38 所农林院校，其中省属地方本科农林院校 30 所。

我国自古以农立国，随着我国近代大学制度的发展，高等农林院校很早就有了高等教育的雏形。1898 年，清朝光绪皇帝发布诏书兴办各类实业学堂，当年张之洞在湖北武汉成立的湖北农务学堂（华中农业大学前身）被认为是我国高等农林专门教育的开始。1901 年成立的京师大学堂农林大学被认为是我国最早的农业大学。中华人民共和国成立前，我国高等农林院校历经了几个不同的历史时期，虽然战乱频生，社会动荡，办学举步维艰，但是我国高等农林教育还是得到了较大的发展。中华人民共和国成立时，全国共有高校 224 所，其中农林本科院校达到 9 所，农林专科院校 9 所，另外在 35 所综合性大学中设有农学院，比例达到 23.66%。高等农林教育紧紧围绕百姓吃饭穿衣的生计问题，当时社会又广受实业救国思潮的影响，各界有识之士都积极推动高等农林教育的发展，这为新中国高等农林教育的发展奠定了重要基础。

中华人民共和国成立后，人民政府通过接收国民党政府时期的各类高等农林院校，并借鉴苏联高等教育的经验对全国高等教育院系进行调整，农林院校作为单科性专门院校开始了较长时间的发展。1952 年，教育部《全国高等院系调整计划草案》的出台，标志着全国开启了有步骤、有重点、分期进行的院系调整。《计划草案》对农林院校的指导性意见是"以集中合并为方针，每一大行政区办好一至三所"。1954 年，院系调整基本结束。经过调整，全国共有高等院校 182 所，农林院校 29 所，占 15.93%。其中林学院 3 所，这是首次独立设立的林业院校；畜牧兽医学院

2所，专科学校1所（很快就升格为农学院）。院系调整的依据是确保每个省至少有一所农林学校，保证行政区域间的平衡。这种以行政区划为依据，而不是以作物生长区的划分来规划农学院的方式，虽然违背了农林院校与农业生产相适应的标准，但却奠定了我国高等农林院校的区域布局，也深刻影响了我国各区域农林院校的发展方向。

改革开放初期，百废待兴，我国高等农林院校逐渐摆脱"文革"的影响，恢复发展。随着国家由计划经济向市场经济的转变，我国高等农林院校也呈现出发展的新特点：一是由单科性院校向多科性、综合性院校发展，原来单科性的农林专门学院在保持优势农林专业的基础上向综合性和多科性学院发展，单科性大学向多科性、综合性大学转变；二是单科性农林院校与其他院校合并成为综合性大学的一个院系。合并的主要方式有两种：一种是被比本院校更高级别的综合性院校"吞并"，并入综合性大学；另一种是与自己同一层次的其他综合性院校和单科性专门学院联合组建新的综合院校，成为综合性院校下设的农学院。

农林院校的发展变化是农林院校适应环境变化、寻求生存图强的必然结果。高等教育的管理体制改革给农林院校的发展带来直接挑战。国家部委将高校的管理权下放到省级行政管理部门，这虽然有利于高校的直接管理，但也客观上割裂了具有鲜明农林行业特色的高校与农林行业主管部门和产业部门的联系。经费来源、人员管理、科研管理、学生招生等这些涉及高校发展的核心要素都发生了变化，高校直接面临着如何适应"新东家"的问题。高等教育的扩招政策为省属本科农林院校的发展提供了发展的机遇。省属本科农林院校在农业学科基础上，普遍扩大学校学科布点数，通过招收更多的学生壮大学校发展规模。省属高等农林院校与其他省属本科高校一样，在更广阔的学科领域肩负起了高等教育大众化的重任。然而，在适应高等教育发展新趋势和分享扩招政策红利的同时，部分高校也在逐渐失去农林的特色。当高等教育由规模扩张发展到内涵发展的新阶段，当高等教育的竞争发展进入以特色发展为核心的新时期时，很多农林院校的发展遇到了瓶颈，重新站在历史选择的十字路口。

5.1.2 我国农林本科院校发展现状

我国农林本科院校经过多年的发展，已经成为支撑农林产业发展和破解"三农"问题的重要力量。一是重点农林本科院校比重较高。目前我国共有38所农业类本科院校，其中"985工程"院校3所，分别为中国农业大学、中国海洋大学和西北农林科技大学;"211工程"大学6所,分别为南京农业大学、北京林业大学、华中农业大学、东北林业大学、东北农业大学、四川农业大学。另外,沈阳农业大学、山西农业大学、江西农业大学、华南农业大学也是重点院校。从数量看,三分之一以上的农林本科高校是高水平院校。二是区域布局覆盖面较宽。农林院校覆盖全国七大行政区,形成了较为完备的农林院校布局。东北地区(黑、吉、辽)共有农业类本科院校7所,华北地区(京、津、冀、晋、内蒙古)共有农业类本科院校8所,华中地区(鄂、湘、豫)共有农业类本科院校4所,华东地区(沪、浙、赣、闽、苏、皖、鲁)共有农业类本科院校11所,华南地区(粤、桂、琼)共有农业类本科院校3所,西南地区(渝、川、黔、滇、藏)共有农业类本科院校3所,西北地区(陕、甘、宁、青、新)共有农业类本科院校3所。此外,基本每个省也都有一所独立建制的农业类院校,主要林区附近有林业院校,沿海省份有海洋(水产)院校。三是学科优势明显。全国的普通本科农林类高校虽然都呈现出多学科发展态势,多数学校的学科门类都达到7种或以上,非农类专业的数量超过学校总专业数的一半以上。但是从各学校的学科建设情况看,优势学科主要还是分布在与农林相关的农学、工学、理学和管理学领域。目前,作为服务农业的重要力量和农业科技创新体系的重要组成部分,高等农林本科院校正进入稳定规模、内涵发展的重要时期。经历一段时期的院校合并和院校更名，作为独立建制留下的农林院校不仅是我国培养农业人才和开展农业研究的核心力量，还是具有"农"的特色、专门从事高等农业教育事业的中坚力量。它们的发展壮大直接影响着我国新时期农业现代化的进程。

农林本科院校在发展过程中也存在许多问题。在人才培养方面，随着高校扩招政策的实行，农林本科院校特别是省属农林院校加大了人才培养的力度，随着学校多科性发展目标的制定，非农专业逐渐增多，虽然满足了社会对高等人才的需要，但是涉农专业招生难、就业难的局面并没有得到改变，而新增专业往往是追逐社会热点的所谓热门专业，与其他类型高校趋同现象明显。在科学研究方面，农林本科院校对农林科技的支撑和引领作用与实际的需要还有差距。现阶段我国农林本科院校科研规模较小，水平偏低。我国农林本科院校科学研究急需进一步扩大规模，提高科研水平，加强科研人才队伍建设，提高科研队伍的整体素质，还要不断加大科研经费的投入，完善科学研究、科技成果转化和科技成果推广体系，提高农林本科院校对农业现代化的贡献力。在服务社会方面，农林本科院校在推进农业发展、增加农民收入、加强新农村建设等方面发挥了重要作用。但是，在以市场为导向，以农林本科院校自身为主体进行科研与开发，并促进科研成果及时转化为生产力，通过开展技术咨询、技术转让和承包等方式服务于农业，促进农林产业现代化的实现方面还有很多工作要做。科技推广部门与科研、教学部门急需加快融合，形成人才培养、科技支撑、技术推广的合力，提高服务"三农"的能力和水平。

农林本科院校发展问题的产生，既有外因，也有内因。在外因方面，农林产业的弱质地位是农林本科院校学生招生难、就业难等问题的重要成因。长期以来，农林产业一直被定位为基础产业，处在原料提供、后勤保障的相对次要地位，尽管国家对农业农村持续加大投入，但与在信息化、工业等产业方面的投入相比还有很大的差距。正是由于农林产业的弱质地位，使大众对农林相关产业形成了一种刻板印象，认为农林产业工作普遍环境艰苦、收入低微。而这种刻板印象直接导致了优秀学生不愿报考农林院校，农林院校毕业生不愿从事农林工作的结果。影响农林院校科研创新对农林产业贡献度的直接原因是我国农林科研和科技推广的双轨制。在我国现行的体制下，农林科研和农技推广往往隶属于两支不同的工作队伍，基层的科技推广队伍隶属于农业管理部门，农林本科院校、科研院所分别隶属于教育管理部门、科技管理部门。农业管理部门看重的是成果的应用和推广价值，而农林本科院校、科研院所更多关注的是研究成果的学术价值，并通过发表论文、获奖体现研究价值，但由于农林学者与农林生产一线的工作人员缺乏联系，很多研究成果与实际需求脱钩。我国支持农林产业发展的资金很少能直接拨付到高校，造成高校服务农林产业的积极性不高，或者说，在现有的农林产业发展的制度设计中，农林院校在解决"三农"问题的作用方面被低估了。在内因方面，扩招的红利掩盖了农林院校发展的危机，很多农林本科院校盲目圈地扩围，忽视了高等院校要特色发展、内涵发展的本质要求；人才培养模式不能适应时代发展的需求，缺乏培养应用型、创新型人才的改革动力；没有自觉地树立问题导向、关注现实的研究意识；更逐渐淡化"农林"意识，忽视了与农林产业的良性互动。

国家实施乡村振兴战略无疑是激发农林本科院校转型发展的重要政策，农林本科院校能否抢抓机遇，探索出一条转型发展的新路，将是学校摆脱发展困境、提高办学水平的关键一步。

5.2　生态位理论视角下的农林本科院校转型发展分析

高等学校作为一个有机的社会组织，通过物质循环、能量流动和信息传递与外部系统发生联系。不同层次、类型的高校与影响高校发展的政治、经济、社会、文化、环境一同构成了有关高等教育的生态系统。采用生态位理论研究农林本科院校有助于更好地理解农林本科院校所处的历史方位和需要做出的现实选择。一方面，生态位理论具有哲学层面的解释功能，可以很好地诠释院校的静态与动态情况。具有相近属性的高校构成一个独特的生物种群，通过与外部环境的互动和内部组织的调试寻找适合自己的生态位。另一方面，生态理论是农林研究中的重要理论，利用生态位理论研究农林本科院校的发展问题，不仅有助于更好地认识农林本科院校所处的地位和发展的方向，也有利于阐释农林本科院校与其他院校发展的关系。

5.2.1 农林本科院校的生态位

农林本科院校的生态位是指农林本科院校在整个高等教育系统中的功能和地位。通过对农林本科院校历史和现实的审视，我们发现农林本科院校中有较高比例的重点高校，全国分布范围广、农林类学科优势突出，是培养高等农林人才和提供农林科技供给的重要力量。农林本科院校多为省属地方性大学，也是服务区域农林产业发展的支撑力量。经过历史的积淀和多年的发展，高等农林本科院校积累了丰富的学术资源。高等农林本科院校与其他类型院校相比，有着较为深厚的农林类学科基础和比较完备的研究条件。经过多年的积累，农林高校取得了丰富的农业科技成果，集聚了一大批既有科技开发经验又有农业推广能力的农林教师，形成了产学研用的发展体系。一些有代表性的农林本科院校已经成为区域内高级农业人才培养、农业科技进步的主要带动力量。丰厚的农林资源和明显的农林属性，奠定了农林本科院校在整个高等教育系统中的独特生态位。

目前，农林本科院校长期面临教育经费紧缺、农林生源不足的发展困境。由于国家政策性的保护，农林专业的学费普遍低于其他专业，而农林专业中实验性课程较多，消耗较大，从人才培养的投入产出比来看，培养农林专业学生的成本要高于学费等收入。因此，随着扩招政策的实行，很多农林院校把发展非农专业作为扩大生源、提高收入的主要策略，从生态学的角度看，这是采取了一种泛化的生存策略，即提高自己对其他资源的摄取能力。这种策略的实行，一方面提高了农林本科院校对资源的利用和吸纳能力，另一方面与其他高校趋同发展，特别是农林本科院校新开设的一些法律类、艺术类专业与传统文科院校形成竞争，导致农林院校与其他类型高校产生生态位的重叠，促使院校间竞争加剧。我国高等教育由精英教育转向大众教育，满足了人民群众对高等教育的需要，也使那些有着历史积淀和社会声誉的农林院校分享了扩招的成果，在生源较为充足的情况下，农林本科院校与其他类型院校实现了共生发展。农林院校利用传统的工科、管理学科与其他应用学科交叉发展，重点发展研究生教育，吸纳低一级院校的本科生源，建立协作关系。随着生源竞争的加剧和政府绩效管理的加强，高等院校将进一步分化，一些农林院校的财政压力将进一步加大。近期来看，农林本科院校与其他类型高校共生、协作的关系还将长期存在，但是由于生态位的重叠，农林院校与其他院校间的激烈竞争也是不可避免的。

5.2.2 农林本科院校的生态位策略

从生态位理论来看，农林本科院校与其他院校生态位的重叠是院校间竞争越来越激烈的重要原因。农林本科院校要在激烈的竞争中获得发展的优势，必须采取适当的生态位策略，不断优化生态位，获取更多的发展资源。我们认为在优化生态位的过程中，农林本科院校应采取生态位分离策略和关键生态位策略，以把握机遇，应对挑战。

①生态位分离策略。在生态系统中，当两个或多个有机个体对同一种资源有相同的需要时，就会导致生态位重叠的现象。如果生态位过度重叠，就会产生竞争排斥的问题，直到其中个别的有机个体根据外部环境或自身情况选择退出，生态位重叠现象才会消失，这也就是生物界中的生态位分离现象。生态位分离策略，就是在分析生态位重叠情况、自身优势和劣势的基础上调整生态位位置，降低竞争排斥的程度，重新获得相对有利的发展环境的战略管理策略。一般来说，生态位分离策略包括目标维度、时间维度和空间维度的分离战略。生态位的分离现象确保了物种的多样性和生存空间的极大拓展。我国的高等教育正由大众化向高等教育普及化的方向发展，科学的高等教育系统必定是各高校多样化的生存方式的体现，经过一番主动或被动地调整，不同类别的高校占据不同的生态位，实现协作共生的局面。农林本科院校实施生态位分离战略的核心是回归农林特色，由生态位泛化发展向生态位特化发展，集中学校优势资源，重点围绕区域农林产业发展的需要布局学科专业，选取几个重要的发展方向，实现农林人才培养、农林科技成果转化以及农技推广等方面的重大突破，从而降低生态位重叠，强化独特生态位位置。选择回归农林特色是基于农林产业发展所蕴含的巨大潜力。一是农业的战略地位将进一步得到加强。我国是人口大国、农产品消费大国，粮食

问题不仅是经济问题，也是社会问题，更是政治问题，保障粮食安全是关乎经济社会稳定的全局性、策略性问题。习近平总书记多次强调，农业的根本出路在于现代化；没有农业现代化，国家现代化是不完整、不全面、不牢固的。李克强总理强调指出，农业现代化是国家现代化的基础和支撑。中央一号文件连续 15 年都聚焦农林产业发展，可见农业的重要地位。特别是党的十九大报告提出要全面实施乡村振兴战略，农林产业发展将迎来重要机遇。二是随着《全国农业现代化规划（2016—2020 年）》（以下简称《规划》）的发布，我国农业现代化建设将进入新的时期。首先，大力调整优化农业结构，推广节本降耗的农业生产技术和生产方式，鼓励多种形式的适度规模经营；其次，加大对农民工等人员返乡创业行动计划的支持力度，引导农村青年、返乡农民工、农村大中专毕业生参与现代农业建设，通过创办领办家庭农场、农民合作社和农业企业，带动农民脱贫致富；再次，积极推进农村一二三产业融合发展，提高加工业发展水平，发展农产品电子商务和生态休闲农业，不断拓宽农民增收的领域；最后，要在稳定农村土地承包关系并保持长久不变的基础上，落实集体所有权，稳定农户承包权，放活土地经营权，完善"三权分置"办法，进一步释放体制改革的活力。总体上看，科技创新仍然是我国农业现代化建设的根本动力。无论是宏观上农业经营主体的培育和体制的创新，还是微观上科学技术的革新和产业的融合，都离不开科技的支持。拥有科技优势和研究基础的农林院校，在新一轮的农业现代化中必将发挥更大的作用。总的来说，实施生态位分离策略，回归农林特色，要求农林本科院校在目标维度上，要回归农林产业，聚焦服务农林产业发展，围绕农林产业发展培养人才和提供科技支撑，这是与其他院校最重要的区分。在时间维度上，要敢于先行先试，把握改革创新的有利时机，通过体制机制改革探索办学兴校的新路，从而获得发展的新资源。在空间维度上，要紧抓农林产业区域性的特点，善用气候、地理等客观环境的垄断特点，立足区域内的农林产业发展，做好服务布局，力争成为区域内推动农林产业发展的重要力量。

②关键生态位策略。生物个体的生态位是个体与外在环境互动、利用多种资源的综合体现，是生物个体复杂多面性的集合状态。而在个体多面性中，最终决定生物体生态位的往往是几个关键生态因子和少数资源维度。因此，了解和掌握生物个体某些关键生态因子和关键维度，并通过增强关键生态因子和加强关键维度争取更加有利的生态空间，找出生物个体快速成长的模式，就成为优化生物体生态位的有效方法。关键生态位策略的核心就是要识别那些关键生态因子和关键维度，并根据实际需要进行调整和优化，从而提高生物个体的发展力和竞争力。农林本科院校的

关键生态因子是独特的农林特征，关键维度是农林人才和农林科技的有效供给。也就是说，农林本科院校实行关键生态位策略的重点是提高农林人才培养水平和农林科技对农林产业发展的贡献度。一是提高创新性农林人才培养水平。现代农业的发展需要具有创新创业精神的高素质农林人才，实施乡村振兴战略需要一大批新型的职业农民，提高农林人才培养水平和创新创业能力对于农林本科院校的发展变得越加迫切。提高创新人才培养水平的重要方式就是要改革传统的人才培养模式，结合农林产业发展实际修订人才培养方案，加大实践环节比重，引导大学生主动参与围绕农林产业发展的创新创业活动，并通过创新创业实践提高自身的创新创业能力。二是提高农林科技对农林产业发展的贡献度。通过实践我们发现，导致农林科技对农林产业发展的贡献度偏低的原因主要有三：一是农林本科院校的教师远离农林生产一线，缺乏解决农林生产实际困难的经验，在立项开始就偏离了应用的目标；二是学校内部考核机制的僵化，考核教师科研能力的指标多集中在发表论文、课题立项、获奖等方面，忽视了科技转化的实际效益，导致取得的科技成果大多被束之高阁，很少投入实际生产；三是科技研究与农技推广缺乏有效的连接机制。农技推广力量在农林本科院校内部还很薄弱，重要的科技成果转化和推广还不能有效开展。因此，提高农林院校科技贡献度的方式是加大农林院校与农林产业发展的联系，改革科研评价机制，构建科技成果转化平台，充实科技成果转化推广的力量。综上所述，实施关键生态位策略，提高农林人才培养水平和农林科技对农林产业发展的贡献度的共同举措是要加强农林院校与农林产业的联系，以区域农林产业的现实需要为导向，改变传统的办学模式，提高院校的服务能力，实现在服务中将学术资源转化为学术资本。

5.2.3 生态位视角下的农林本科院校转型

基于以上的分析，我们得出的结论是农林本科院校要摆脱生态位重叠，在激烈的院校竞争中脱颖而出，就要实施生态位分离策略和关键生态策略，进一步强化农林特色，敢于改革创新，探索发展新模式，实现与农林产业发展的紧密结合，实现创新性人才培养能力和应用性科技成果生产能力的显著提升。应用性创业型大学发展模式显然符合农林本科院校转型发展的目标要求，是一条值得探索的可行之路。美国学者布鲁贝克在《高等教育哲学》一书中写道，"在 20 世纪，大学确立它的地位的主要模式有两种，即存在着两种主要的高等教育哲学，一种哲学主要是以认识论为基础，另一种哲学则以政治论为基础"。从价值论的角度看，认识论哲学与政治论哲学实际上代表了高等教育发展的两种主要价值取向：学术性价值取向与工具性价值取向。大学向创业型大学转型是学术性价值取向和工具性价值取向的有机结合。在把握高校"学术性"本质的基础上，拓展高校服务经济社会的职能，使高校凭借学术资本，通过市场的媒介获得新的发展资源，来补充自身发展资源的欠缺。创业型大学作为大学发展的一种类型，其发展理念跳出了原有的金字塔式的发展模式，通过转化学术资源，拓宽外部合作渠道获得发展的新动能。这种全新的发展理念符合农林本科院校要实行生态位分离策略和关键生态位策略的选择。

农林本科院校向应用性创业型大学转型是巩固生态位的现实需要，生态位的巩固和加强需要不断提高农林本科院校的功能和作用。建设农林创业型大学，实施科学有效的创业教育，不断培养具有创新创业精神和创业能力的新型农民；建设农林创业型大学，加大农林科技成果的转化成效，服务农业产业转型升级，支撑脱贫攻坚和新农村建设；建设农林创业型大学，为区域农林产业发展提供全面、系统的解决方案等举措必将为院校的发展提供新的发展路径，促进产业、政府、大学的有机融合，并为多方共赢提供保障。农林本科高校依托这一系列的举措，将更加深植于区域的土壤，紧密围绕区域社会发展的要求培养人才，提升自身的科研水平和社会服务能力，担当更多的社会责任，在服务中获得认可，并获得新的发展资源，从而进一步强化自己在高等教育系统中服务农林的功能和作用，以达到巩固和提高生态位的目标。农林本科院校向应用性创业型大学转型也是改善自身生态环境和优化生态位的重要举措。对农林行业的传统认知使人们将农林行业与艰苦行业和低端行业相联系，导致农林院校招生难，也较难吸引优秀生源，久而久之形成恶性循环；由于生源少、投入少，农林院校不得不扩大非农业学科招生规模，由此削弱了农林院校的特色，既使想发展壮大也找不到很好的切入口。事实上，农林院校的农林特点是区别于其他学校的根本，问题的根本不是要淡化农林特色，而是要通过一系列的改革及与产业部门的合作，改变人们对传统农林行业的刻板印象，将学习农林专业、从事农林工作打造成一件光荣而又令人羡慕的事情。对传统农业的改造离不开科学技术，获得丰硕的农林产业成果需要大批具有创新创业精神的农林院校毕业生，科学技术研究、高素质毕业生的培养都离不开农林院校。农林院校优化生态位和提高资源获取能力归根结底是要参与到对传统农业的改造中来，在发展和改进农林产业的同时，也为自己的发展拓展新的资源和营造好的环境。

农林本科院校向应用性创业型大学转型，是实现生态位跃迁的历史要求。农林本科院校要获得更好的发展空间，就要实现生态位的跃迁。依照我国大学传统的金字塔式的发展模式，一步步攀升显然已经与时代的迫切要求和大学自身发展的诉求不相适应。在越来越趋向市场导向、绩效优先的高等教育领域，依靠传统的发展模式实现原有路径的上升和发展变得越来越困难。那些高高在上的研究型大学有着源源不断的资源供给和深厚的学术声誉，在对优秀教师和优质生源的争夺中有着绝对的优势。高等教育领域的"马太效应"也正在形成，而农林本科院校由于其农林的特点，与其他高校相比已经处于不利的地位，与那些研究型大学相比，更是望尘莫及。要想实现生态位跃迁，就要适应时代的发展需要，进行发展模式的变革，满足社会对高等教育的多元需求。在知识经济时代，不仅要不断提升知识生产能力，更要以主动的姿态与产业、政府等其他创新主体开展实质性的跨界协作，拓宽发展的外围。农林本科院校向创业型大学转型就是要与政府、农业产业建立更加紧密的合作关系，成为区域内引导和促进农林产业发展的重要力量。顺应高等教育发展的趋势和潮流就把握了发展的先机，就有可能实现大的发展。19 世纪，德国柏林大学开创了研究型大学的发展模式，成为享誉世界的名校；19 世纪末 20 世纪初，美国赠地学院运动开启了服务型大学模式，至今仍长盛不衰；MIT 和斯坦福大学践行的创业型大学发展模式，则使它们在知识经济的新时代成为大学的翘楚。农林本科院校向创业型大学转型，将顺应高等教育发展的大势，获得生态位的跃迁，实现新的发展。

农林本科院校向应用性创业型大学转型是适应基础上的超越。农林本科院校存在于一个大的高等教育系统内，与外界进行着物质、能量、信息的交换和循环，不断地由不平衡状态向平衡状态转变，并在不断地变化中实现遗传和变异。农林本科院校的遗传和变异是指院校在与环境的互动中实现继承和超越。继承是组成院校的各要素的沿革和传承，包括农林院校普遍形成的艰苦创业的校风、朴实向上的学风等无形要素，也包括几代人积累的办学资产、有待转化的科技资源等有形要素。遗传保障了院校性状的稳定，为院校的发展提供了基本条件。大学作为高等教育生态圈中的有机组织，需要提高对周围环境的适应性，通过改变自身的结构、功能来适应环境，并需要在适应环境的同时实现自身的超越。遗传、顺应是基础，变异、超越是提升。阿什比曾指出："有机界中与大学中一些新形态的出现，都要经过更新或杂交的过程。"农林本科院校经历各个时期不同经济制度的变迁，实现了高等农林教育的持续发展，这是适应的结果。不同的农林院校有着不同的发展模式，有的农林院校积极改革创新，紧紧把握发展的机遇，开展向应用性创业型大学转型的探索，这是适应基础上的超越。

5.3 农林本科院校向创业型大学转型的模式构建

国内外创业型大学案例的分析为农林本科院校向创业型大学转型提供了可供借鉴的实践经验，而对创业型大学内涵、特征以及应用性创业型大学发展模式的理论研究则为研究农林本科院校向创业型大学转型提供了理论的指导。前面又通过生态位理论的分析讨论了农林本科院校向应用性创业型大学转型的适切性，下面重点从如何发挥创业团队的组织领导作用、如何寻找创业机会、如何利用创业资源三个方面将应用性创业型大学转型模式的研究成果与农林本科院校的实际特征相结合，实现由普遍理论向特殊理论的深化。

5.3.1 组建创业团队——打造领导核心

要确保农林本科院校向创业型大学成功转型，必须要组建一个合格的创业团队。广义的创业团队包括全校师生，而在这个团队中发挥核心作用的则是校级的领导团队。农林本科院校要实现成功转型，就必须有一个坚强的领导核心。它可以驾驭组织的变革，推进制度的变迁；可以平衡好商业价值和学术价值的关系，既可以保证学术资本的高效转化，又能使转化的资本反哺学科发展。农林本科院校组建创业团队，首先需要成立创业型大学建设指导委员会，作为领导建设创业型大学的核心。创业型大学建设指导委员会以校党委委员为基础，吸纳农林产业、农业主管部门等利益相关方负责人为委员。委员会负责大学的发展方向、重要的人事任免和基本的制度建设。指导委员会下设创业管理系统（农技推广＋农技转化＋创业教育实践）和学术管理系统，并安排一名副校长专门负责创业管理系统的运营。创业管理系统包括创业管理处、社会合作处、农技推广处等创业管理组织和农技推广组织，并承担创业教育实践活动组织功能。指导委员会的统一领导有助于决策的权威性和整体性。指导委员会是创业型大学建设的最高领导机构，制定的制度政策是创业型大学建设遵循的规则；指导委员会包括利益相关方，在制定制度政策时可以最大限度地兼顾各方利益，也可以使决策更好地被贯彻执行。下设不同的管理系统有助于学术管理和创业管理在各自系统的独立运行，降低不同系统的文化冲突，提高学术生产和学术资本转化的效率，大大提升大学向创业型大学转型的成效。组建创业团队是宣布开启大学创业之路的首要任务，创业团队的质量决定了寻找创业机会、驾驭创业资源的成效。

5.3.2 寻找创业机会——选择转型突破口

农林本科院校开展创业型大学建设主要是走一条应用性创业型大学发展之路，是利用有应用价值的学术知识与农林产业结合获得学术资本的转化，是通过培养具有创新创业意识和能力的农林科技人才，并通过他们在农业产业发展中的成就获得招生市场的认可。因此，农林本科院校要根据校情和社情，坚持有所为有所不为的思想，选取具有社会需求、市场潜力、核心竞争力的学科专业方向作为发展的突破口，形成崛起的奠基石。浙江农林大学在确定了建设生态性创业型大学的战略目标后，一改以往"撒胡椒粉"式的学科支持方式，集中力量"让一部分学科先富起来"。根据学科基础和发展方向选择了10个重点领域、30个优先选题给予重点支持。确定重点发展方向的过程，就是寻找创业机会、寻求发展突破的过程。创业机会是创业成果的逻辑起点，选择好创业机会是大学创业成功的关键。

5.3.3 激活创业资源——开启创业征程

创业资源包括学术资源、政策资源、人力资源、资金资源等一切有助于创业成功的资源。学术资源是由学校的广大师生一起创造的，激活学术资源应和激活人力资源统筹考虑。建设创业型大学主要是培养创业型人才和开展科技成果转化，因此要建设学科交叉和学以致用的公共平台，要重点建设科技成果转化平台，改革评价激励机制。浙江农林大学为了提高学生的实践能力和创新创业能力，开设创新创业课程、设置创新创业学分，每年投入20 万元用于学科竞赛与大学生创新项目；推出了导师制和本科生成为科研助手计划；建立了大学生创业实验园，鼓励学生从事科学研究，开展学科竞赛和创新创业活动。为了推进科技成果转化，专门成立了创业管理处，主要负责学校师生创业管理及相关工作；成立了社会合作处，主要代表学校行使服务地方、服务社会的职能，推进校地合作，争取社会资源；成立了资产经营公司，主要负责推动科技成果的转化和高新技术的产业化，经营管理学校的经营性资产和学校对外的投资股权。为了激励教师参与学术创业，专门出台了《浙江农林大学关于鼓励和扶持师生创业的若干意见（试行）》。政策资源、资金资源的激活贯穿于创业型大学转型的全过程。创业型大学建设的重要方式就是大学通过提供有价值的服务争取资金和政策的支持，因此，激活调配创业资源的过程，就是艰辛开启创业征程的过程，考验着创业团队的智慧与意志。

5.4 农林本科院校向创业型大学转型的策略

农林本科院校向创业型大学转型是农林院校突破现有困境、把握发展机遇，实现跨越式发展的重要战略选择。根据应用性创业型大学的建设规律，我们认为农林本科院校可以通过转变发展理念、改造组织结构、突显创业特征、推动教师转型和促进文化融合等策略实现向应用性创业型大学的顺利转型。

5.4.1 转变发展理念

农林本科院校向创业型大学转型发展是在走一条发展的新路，是高等农林本科院校实行生态位分离和关键生态位发展的战略选择。农林本科院校要摒弃旧有的发展模式，重新思考"办什么样的大学"和"如何办大学"的问题。农林本科院校要获得新的发展机遇，就要摒弃办学层次攀升、办学类型趋同等错误认识，逐渐从与普通高等学校开展全面竞争回归到聚焦农林学科专业，深耕农林的技术和人才供给市场，通过农林科学技术的研究、转化、推广和农林专业人才的培养，获得农业产业界的认可，实现学术资本的转化，进而获取新的发展资源。农林本科院校要立足于服务区域农业产业的发展，因地制宜地实践创业型大学的发展模式，采取理性方式对待发展环境，以区域农业产业的特色和学校优势学科为出发点，以创新创业精神统领人才培养、科学研究、社会服务工作，准确把握自己在产业发展中的地位与作用，以更加积极主动的姿态拓展发展空间；建立与创业型大学相适应的内部管理体制，构建大学、政府、产业合作的新模式，充分整合、合理开发区域内的创业资源，实现三者的良性互动；加大学术资本的转化和科技成果产业化的参与度，形成多元的筹资渠道。总之，农林本科院校在制定发展规划时，要树立全新的发展理念，坚持以社会需求为导向，做足振兴农业、服务农业的文章；要在创新型农林人才培养和农业技术推广过程中获得发展的新机遇，在服务区域农业现代化的进程中获得政府和社会的认可，实现发展的新跨越。

5.4.2 改造组织结构

发展理念的落实需要与之相适应的组织结构。农林本科高校要实现向创业型大学的成功转型，就必须进行组织变革，改造旧有的组织结构，使组织能承担起达成各项目标的职责，成为转型发展的中坚力量。农林本科院校向创业型大学转型的目标是转化更多的有发展前景的应用性科技成果和培养更多的具有创新创业素质的应用性农业人才。因此，组织的变革应着眼于学术生产组织、科技成果转化组织以及人才培养组织的重构和改造，应着眼于建立管理创业的新型组织，实现大学创业的有效管理。

（1）学术生产组织。

① 鼓励组建跨学科组织。当代科学技术研究的趋势表明，重要的创新成果往往诞生于交叉学科与跨学科领域；技术转让的经验表明，具有应用特征和发展前景的学术成果也往往是跨学科合作的成果。从农业产业发展的情况看，三业融合正成为农业发展的未来趋势。因此，建设创业型大学和服务农业产业必须要鼓励组建跨学科组织。如图5.1所示。

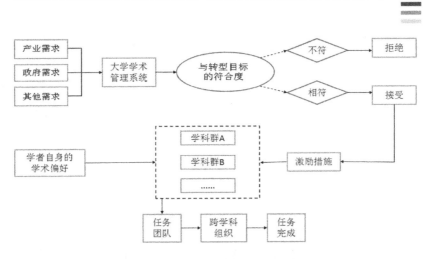

图 5.1　创业型大学跨学科组织的组建

　　创业型大学的跨学科组织的学术任务主要来自市场、政府及其他利益相关方的需求，跨学科组织的组建及其学术任务的确立，主要取决于其与大学发展的战略方向是否适切。农林本科高校可以依托建立农业发展研究院的有利契机，根据学校的战略方向下设跨学科的研究中心。研究中心的设立应坚持学术性、灵活性和开放性。研究中心首先是一个学术组织，它必须围绕学术任务的完成并按照学术逻辑运行。研究中心是以任务为导向的组织，为了保证任务及时高效地完成，特别是在组建初期一定要根据具体任务需要，在资源获取、组织结构、人力物力的安排使用上体现灵活性。跨学科组织成立的初衷就是通过打破原有的学科壁垒，吸收不同学科、不同组织的成员，从而更好地完成学术任务，因此开放性是跨学科组织一以贯之的特性。浙江农林大学根据建设成为生态性创业型大学的战略目标，将发展的方向选定在生态农林领域，并根据目前的学科基础和未来的发展潜力选择了农林碳汇与生态环境修复、森林资源培育、生物基材料与生物质能源、生物种业、动物健康养殖与生物药剂、生态文化规划设计与绿色建筑、食品质量安全、农林产品加工贸易、智慧农林业与中国农民发展、人居环境规划设计与绿色建筑等 10 个重点领域，并围绕这 10 个重点领域按照成熟一批建设一批的原则组建了 10 个跨学科研究中心。研究中心在坚持学术性、灵活性、开放性的同时，保持农林特色，坚持"接二连三"，即对接第二产业，发展第三产业。

② 充分赋予学术组织权力。学术组织是开发积累学术资本的主要力量，要提高学术生产的效率，就要赋予基层学术组织知识传播、应用与生产所要求的自主权力；要在分配体制上向基层学术组织倾斜，激发基层学术组织的创新热情，创造更加丰厚的学术资源。学校在资源投入上要以项目投入为牵动，做好面的管理，主要在学术任务的选择和投入产出比等方面做好宏观把控，在具体的执行层面应给学术组织足够的自主权。除此之外，还要设定合理的学术成果共享比例，保证创新团队、研发团队在成果转化中的合理收益。农林本科院校可以采用招投标的方式，将满足产业和政府需要的学术任务确立一定的分成比例后整体打包给

学术组织，全权委托给学术组织自行管理。学校还可以设立研究岗、教学岗、技术应用岗等不同的岗位，制定不同的岗位目标，实现更好的人岗匹配，达到调动专业技术人员积极性的目的。

（2）科技成果转化组织。农林院校的科技转化组织是实现学术转化和获取发展资源的重要部门，相比于传统的科技转化组织，向创业型大学转型的农林本科院校的科技转化组织应打造出教学、科研、推广服务三位一体的新体制，体现自己的特点。

① 农林科技成果的特点。

第一，成果转化周期较长。从农业科技项目的提出、选择与确定，再从研究到实验、中试、成果鉴定、成果的推广与应用，这是一个漫长的过程，由潜在的生产力转化为现实生产力要经过多个阶段，包括小区试验、中间试验、区域试验和生产试验，还要考虑季节因素，因此，农林科技成果的产出周期较长。

第二，成果转化受地域影响。农林产品种类繁多，生产的地域广阔，各个地区的土壤、地形、气候等自然条件差异很大，科技成果转化受到地域的限制，成果应用具有明显的区域性。

第三，成果转化过程的复杂性。农业科技成果转化涉及的环节和要素比较多，不仅受到社会条件的制约，更受到自然环境的制约。一项成果的转化需要多方面人员的参与，多重技术的配合以及多种资源的投入，并经过多重试验和完善才能成功转化。

第四，成果的易扩散性。农林科技成果在研究和生产的过程中容易扩散，不易控制。农林科技成果的检验必须经过放大试验，在取得成果前，会有较多的科技人员和农业企业及农民广泛接触，保密性较差。

第五，成果的社会公益性。农林业作为我国的基础产业，自身就具有公益的属性，在科技成果转化的过程中，经济效益和服务社会的社会效益都是考虑的重要因素，因此，转化的科技成果既具有一定的商品属性，还具有公益性。

②建立教学、科研、推广三位一体的科技成果转化组织。农林科技成果转化的特点和建设农林创业型大学的战略要求，决定了农林院校的科技成果转化要兼顾教学、科研、推广三个方面。由于转化周期长、转化过程复杂，全程需要师生的共同参与；较长的转化周期为学生培养创造了良好条件，共同解决成果转化过程中遇到的问题是考查学生解决问题能力的最好方式。科技成果的地域特征决定了科技成果转化的区域范围，独特的地理、气候条件是保障农林科技成果顺利转化的必要条件，也是科技成果实现定向转化的天然屏障。这种客观性决定了农林科技成果转化组织要依托区域条件，扎根区域乡村，与周边的农林产业和新农村建设建立紧密的联系。农林科技成果的公益属性和创业型大学重点转化学术资本的根本特点，决定了科技成果转化组织一定要

具有推广功能，能够将最新的、应用性强的农林科技成果与农林企业、农村经济组织、农户等对接，产生直接的社会效益和经济效益。

打造农林科技"示范基地＋示范站"式农技推广的新模式，是建立农林院校与区域农业发展紧密融合的基础。农林科技"示范基地＋示范站"的实质是以校级的农林科技示范基地为核心，在农林院校辐射的区域内建立若干个直接与农业生产对接的分基地（农林科技示范站），使农林院校真正与农林生产紧密结合，全面提高农林院校服务区域农林产业的能力，提高教学的实践性、科研的针对性和推广的实效性。农林科技示范基地是依托学校优势学科和核心技术，并结合区域内生态条件、产业发展特色和规模建立的综合性、专业性的科技示范基地。农林科技示范基地的主要功能是展示农林业的新品种、新技术和新成果；集成、组装农业先进实用技术；协助政府制定农林业产业化发展规划；拟定标准化技术规程；为示范户、广大农民提供科技信息，进行季节性培训，推广先进的农林技术。农林科技示范基地是农林科技成果的展示台，是农林科技成果的孵化器，是地方农林产业发展的参谋部，也是农林技术的推广站。农林科技示范基地能够将无形的科技成果以有形的形式呈现，并利用基地的实体性实现科技成果转化。农林科技成果的转化需要依托示范基地，在适合的区域内建立若干个具有示范基地功能的分基地，我们称之为农林科技示范站，示范站将示范基地的功能发挥向前沿推进，真正实现科技供给与科技需要的直接对接。事实上，我国科技成果转化率不高的一个重要原因就是科技供给与科技需求的错位。科研立项往往是基于学科知识发展的需要，而缺乏对现实科技需要的回应，科研成果的评价依据一般是发表的论文和获奖情况，忽视了成果转化情况，因此建立研究者与现实需求者的直接对接机制是提高科技成果转化率的重要措施。需要指出的是，农林科技示范站作为科技成果转化的前沿组织，更要加强与当地龙头企业和农村经济合作组织的联系。技术成果转移和龙头企业带动可以提高农林产品深加工能力，延长产业链，提升农林产品的附加值和市场竞争力。通过农村经济合作组织的组织带动，农民可以尽快学习和掌握农业先进实用新技术，扩大新成果、新技术的辐射和推广范围。农林科技"示范基地＋示范站"的组织建设模式有效保障了教学、科研、推广三者的统一。农林科技示范基地和农林科技示范站，是学生进行实践教学的重要场所，教授和科技人员可以在推广新的农业科技成果的过程中开展新的应用技术研究，基地和示范站成为农林科技推广的重要依托。农林科技"示范基地＋示范站"的组织建设模式可以整合各方资源，提升科技成果转化效率。这种模式不仅整合了大学、科研单位、基层推广组织、地方政府等各种农业科技资源，打通了科技成果通往千家万户的传输通道，还根据区域产业发展需要，将科技创新主体、科技推广主体与农业生产经营主体结合在一体，将产前、产中、产后各方面不同学科的科技人员结合在一起，形成了合作、互动、开放的运行机制。

各农林院校还应该大力开展科技园建设。大学科技园是高等学校产学研用结合、服务社会、培养创新创业人才的重要平台，是服务区域经济社会发展和推动技术进步的创新源泉，是国家创新体系的重要组成部分。大学科技园的建设在我国已有一定的历史，在推进科技产业发展、创新人才培养等方面发挥了重要作用。作为向创业型大学转型的农林本科院校，其科技园应有如下特点：一是具有更鲜明的市场特性。农林大学科技园与农林科技示范基地和农林科技示范站的区别在于，科技园的主要目的是通过商业模式将科技成果转化为实际资本，通过建立科技企业实现科技成果的商业价值，其经济效益的考量比重更大，是农林科技成果商业化、产业化的前沿平台。农林大学科技园的市场特性还体现在运营方式上。科技园的运营方式应是依托大学学术资源，大学、政府、农业企业等多方参与，遵循现代企业管理制度的自主经营，管理人员不仅要具备丰富的经济知识、法律知识和市场经营的经验，还要对产业行业的技术知识有一定的了解，能准确判断技术市场的走向，准确评估学术成果的市场价值。二是具有混成组织的特点。农林科技园是农林技术产业的孵化器，传播先进农林技术的辐射源，培育创新创业人才的实训营，高等教育改革的突破口。农林院校的科技园由于承担了学术成果发布、技术评估、营销谈判、技术许可、项目管理、市场调查、后续服务、收取技术许可费等工作，成为学校将学术资源转化为学术资本的重要平台。功能的多样化也使科技园呈现多种组织的混合特征。在属性上兼具大学、政府、企业等多种属性；在人员结构上既包括大学的事业人员，也包括企业的经营人员，在管理层还包括政府工作人员；在发展目标上既要承担大学的职能，也要担负促进区域经济社会发展的重任。三是虚实结合性。农林本科院校开展学术创业，既可以通过农林科技成果的现实转化实现价值回报，也可以通过线上咨询和技术指导实现增值。因此，向创业型大学转型的农林院校科技园应是线上线下结合、虚实结合的科技园。

根据农林产业的发展特点和趋势，农林本科院校科技园应围绕种子种苗育繁产业、农林业生物技术产业、设施农业、循环农业、农产品精深加工与休闲农业等产业方向建设示范区，并针对特殊人员，如留学归国人员、博士等建立专门的示范区和创业园。为了发挥科技成果转化市场和技术人才培养平台的功能，在园区内还可以建立农业科技博览园与培训中心等。

①种子种苗育繁产业示范区。动植物优良品种选育及产业化是农林业高科技的核心技术,是提升农林业综合竞争力的重要模式。农林院校可以应用转基因技术、分子定向育种技术、功能基因挖掘技术、应用诱变技术等手段,培育具有市场前景和自主知识产权的动植物新品种。

②农产品精深加工与休闲农业示范区。农产品精深加工是根据地域特征,以果蔬、粮油、畜禽、水产、茶叶等具有地方特色农产品的深加工、植物天然产物提取和食品包装及装备为主要产业化发展方向的技术方向。目前,农产品精深加工通过融入文化要素并与休闲农业联合开发,正成为农林产业发展的一个新方向。

③设施农业、循环农业示范区。设施农业、循环农业是农业发展的重要方向,是摆脱农林业生产地域限制和能源限制的重要手段,特别是将农业生物技术、农作物育种和设施农业、循环农业、休闲农业有机融合起来系统发展,正成为农林产业的新趋势。

④农林业生物技术产业示范区。生物技术是农林业技术的重要基础,农林业生物技术产业在国内外已经发展成为一个巨大的产业,学校可以围绕转基因技术进行技术攻关,适时推进转基因作物的产业化。

⑤特殊人员（留学归国人员、博士）创业园、农业科技博览园与培训中心等。这些园区可利用优惠政策和良好的环境优势吸引鼓励博士、留学生和高层次人才，通过技术入股、合股、个人投资等灵活的方式来园进行创业转化、孵化优秀科研成果、孵化农林高科技企业，这样不仅可以带来发展的新资源，还可以提高园区的整体水平，激活园区的活力。建立农业科技博览园与培训中心则是为了实现园区的市场交易和科普教育的作用，实现科研、教学、推广三个功能的融合发挥。

（3）组建创业管理组织。通过前面的论述，我们认为农林本科院校向创业型大学转型的实质是院校实施有组织的创业过程，为了提高创业的组织性和创业成效，有必要成立专门的组织负责大学的创业管理工作。浙江农林大学为了实现向创业型大学转型的战略目标，成立了战略管理处；为了拓宽发展的外围，加强与政府和产业界的合作，专门成立了社会合作处；为了推进大学的创业工作，在全国率先成立了创业管理处。创业管理处作为学校创业活动的组织和管理部门，主要负责拟定学校创业发展规划，研究制定学术创业政策和制度，创业团队组织管理和创业园区的宏观管理等。这个特设的组织将学校的创业活动具象化、战术化，保证了创业目标的实现。需要注意的是，创业管理组织应从传统的科技处等组织中独立出来，体现创业型大学建设的特殊职能，成为学校专门从事科技成果转化以及服务于农业产业的技术成果转让、技术培训、技术咨询、技术合作开发的全校统一归口的学术资本转化部门。部门的职能应包括：开展和促进科技成果的转化；开展与省、市、地区的各行业的一切横向科技合作，组织横向科技合作项目的联合攻关；促进并审批各院、系（所）与企业联合建立有利于该校学科建设和科研工作进一步发展的研发机构；促进学校与全国各省、市、地区、企业之间的信息沟通，代表该校参加各类科技成果发布会、洽谈会；审核、签订和管理学校的横向技术合同并负责横向合同经费的管理；负责学校日常的知识产权管理和保护工作；组织项目策划、包装、无形资产评估，以及项目孵化和高新技术企业孵化；以高新技术成果作价入股的股权管理；学校生产力促进中心和校企合作委员会日常工作的开展；为学校和政府部门提供科技发展战略与科技成果转化方面的建议；为企业的发展提供咨询服务；开展其他科技、技术中介服务等。事实上，创业管理部门的职能与斯坦福大学的技术转移办公室的职能有相同之处。创业管理组织是组织大学创业活动的枢纽，人员的高素质水平是部门职能发挥的重要保证。部门工作者既要懂市场，也要懂技术，既要与专家学者联系，也要与政府、企业接触。向创业型大学转型的农林本科院校需要成立这样一个高效的新组织，将学科组织、科技成果转化组织编制成创业网络。

5.4.3 突显创业特征

农林本科院校向创业型大学转型不是局部的调整，而是推动大学开展深刻的变革：在人才培养方面，着眼于农林类创新创业型人才的培养；在科学研究方面，重点推进具有广泛应用前景和具备产业化潜力的项目；在服务社会方面，倡导直接参与农林产业的发展，通过服务获得新的发展资源。创新创业精神贯穿于学校人才培养、科学研究、服务社会的职能中，整个大学成为一个创新创业的实体，不断输出具有创新创业精神和创新创业能力的人才，推动具有广阔应用前景的科技项目和落实促进区域农林产业发展的创新举措，具体做法如下：

（1）重视加强创新创业教育。人才培养是大学的本质属性和核心功能，创业型大学无论是从加速学术资本转化，还是从培养具有创新创业精神的应用型人才、在激烈的生源市场中获得有利地位，都应该重视加强创新创业教育，为农林产业的发展培养一批优秀的创业型人才。

①完善人才培养方案。深化创新创业教育改革，关键是要修订、改进人才培养方案。目前，普遍的做法是将创新创业教育融入原有的人才培养方案，对原来的人才培养方案做改良性的修

改。这种做法操作方便，推广容易，但是从全面提高人才培养质量、落实创新创业教育改革的目标要求的角度看，这种方式还存在一定不足。如何利用创新创业教育改革的有利时机，建立起一种以社会需求和创新创业为导向的人才培养新机制值得我们思考和探索。借鉴成果导向教育理念，人才培养方案的制定应先确定"创新创业型农林人才"的外部和内部需求，根据需求确立人才培养目标，根据培养目标确定毕业要求，再根据毕业要求确定课程体系。此外，人才培养方案的修订要吸纳农林行业的专家、创新创业者的意见和建议。

②构建课程体系。构建依次递进、有机衔接、科学合理的创新创业教育专门课程群，形成完善的课程体系是开展创新创业教育的基础工程。创新创业课程目标的设定要突出对社会责任感、创新思维的培养；创新创业课程的设置要结合农林院校的定位、专业特色和服务对象，要注重对本专业课程中创新创业要素的挖掘（开设学科前沿、研究方法、学科发展史等课程），注重相关专业课程的整合（如农林专业课程和管理课程结合），构建多学科组成的课程群；课程结构上要加大实践课程的比重，将学生的培养教育放到农林科技示范基地中，对于高年级的学生、研究生，要有计划地安排他们到农林科技示范站参与农林生产实践，以满足创新创业教育的实践性强的特点；要完善课程管理方式，改革课

程考核方式，建立创新创业学时、学分的转换机制，从而适应创新创业教育新的要求。农林本科院校在向创业型大学转型的进程中，形成的创业团队、建成的创业企业、构建的创业基地，都是构建实践课程的良好资源，是创业教育组织依托的重要力量。

③改革教学方法。要实现创新创业教育目标，就要对教学方法进行全面改革。牢固树立学生在教育中的主体地位是改革创新创业教学方法的出发点，对于创新创业意识的形成和创新创业灵感的产生，外界的引导和激发只是外因，内因是学生能主动参与课程的学习，可以发现创新、创造的乐趣。头脑风暴、项目实践、案例教学等方法要体现参与性，便于发挥学生的主动意识，应在教学中广泛采用。

（2）瞄准区域农林产业开展应用性科研工作。农林本科院校应立足于服务区域农林产业发展，依托学校优势学科，对接区域农林产业需求，重点开展应用性科学研究，形成"普通—应用"性科技成果。农林院校要提高对外部环境的敏感性和整合力，瞄准区域内农林产业的新增长点发力立项，培育特色优势学科（群），推动院校学科结构与产业结构之间的螺旋式发展，实现学术性与实用性相结合，学科动态发展与产业发展相结合。院校组织的改造为开展应用性研究提供了协作和交流的基础平台。农林院校需要充分发挥农林科技示范基地、农林科技园与产业和政府接触的优势，建立双向的信息交流机制，并利用政府的政策优势开展技术、人员的交流，真正取得开门搞科研、科研解决实际问题的效果。开展具有市场前景的应用性研究归根结底需要科研人员了解产业的需要，理解市场的运行逻辑。因此，科研人员应真正参与协同创新平台建设。协同创新平台一定要克服重视立项忽视运行的弊端，要引导科研人员借助协同创新平台，加强与企业人员和政府机构的联系，使他们清楚把握政策导向和企业困境，能够做到有的放矢。

（3）主动参与区域农林产业发展。向创业型大学转型的关键是实现学术资本的转化，学术资本能够转化是因为其存在使用价值，大学主动服务经济社会发展，通过提供有价值的人才培养、科研攻关、政策咨询获得政府、产业界的认可，进而得到推动自身发展的新资源，这就是学术资本转化的全过程。因此，农林本科院校要积极参与区域农林产业的发展，加强与政府和产业界的合作：通过参与政策制定，提供产业发展解决方案；通过科研攻关，解决农林产业发展障碍或推出农林科技新产品，开辟产业发展的新渠道；通过对农林产业管理人员、科技人员、农户的教育和再培训，提高农林产业从业者的素质，满足新时期农林生产的要求。建设创业型大学，需要学校有着敏感的政策意识、快速反应的行动意识、严谨细致的服务意识，积极参与重大政策的落实。例如，脱贫攻坚战是一项政策性强、任务重的工作，农林院校就要因地制宜积极参与这项工作，将自身发展与重要的政策执行相联系，在服务中获得新的认可和回报。目前，我国脱贫攻坚已经到了关键时期，如果农林院校能参与其中，通过成熟的科技成果转化既可以帮助农民脱贫致富，又可以及时获得政策性支持，获得多赢的效果。

5.4.4 推进教师转型

教师是大学发展的主体，也是推进大学转型的中坚力量。教师是教学工作的主要承担者，院校的人才培养目标的达成需要教师来完成；开展创业教育、培养农林类创新创业型人才，没有教师教学理念的转变、教学方法的更新是不可能完成的。教师是科学研究的主要力量。高校教师不仅承担教学任务，还要开展科学研究，应用性科技成果的产生依赖于广大教师观念的转变、研究路径的调整。教师只有从学术本位转向学以致用，才能取得适应市场需求的应用性科技成果。教师是服务区域经济社会发展的具体执行者，农林科技成果的转化、推广需要教师来完成，通过服务获得发展的新资源要依靠广大教师，教师只有认可"以服务求生存，以奉献促发展"的理念，才能自觉参与到服务工作中。推进教师转型需要改善增量，转变存量。所谓增量，就是招聘新教师。招聘新教师首先要保证他们对学术创业的价值认同。新招聘的教师要认可走创业型大学之路也是高等教育多元发展的一种选择，他们要认同学者应关注和解决现实问题的观念。在对新教师进行筛选时，一方面要看他们的研究成果，理科类的教师要看他们的研究方向是否与学校的战略方向相符，文科类的教师要看他们的研究成果是否有对现实问题的关注，对策建议是否有助于问题的解决；另一方面要通过访谈、调查了解他们真实的价值取向和文化认同，以及他们的知识背景和从业经验，以创业型大学的岗位标准进行比对，决定是否录用。新任教师作为教师队伍的增量，往往是学校发展转型的重要推动力量，因此要高度重视新教师招聘。转变存量，推进原有教师的转型发展。创业型大学作为发展的新模式，对教师的发展提出了很多新要求，存在"路径依赖"的原有教师要经历一段适应时间。学校应通过理论宣传、政策宣传、案例宣传，让广大教师充分理解创业型大学建设，说清说透学校选择创业型大学建设的原因和意义以及阶段目标，要改革教师评价机制，真正通过职称评定、绩效考核这些指挥棒，做好教师转型引导。也不是所有创业型农林院校老师都参与到学术创业中，评价要分类实施，要从顶层设计上做好统筹。

5.4.5 促进文化融合

农林本科院校向创业型大学转型不仅是发展理念的创新和组织的变革，更是一次文化的洗礼。没有文化的再造，没有创新创业文化的弘扬，政策制度的执行不会被理解，推进的工作不会取得预期的效果，转型发展的目标也很难实现。弘扬大学的创业文化，事实上是将企业家精神与大学自身的文化相融合，提振师生的精气神，激发师生的创新创业热情。农林本科院校的教师长期从事农林方面的教学、科研和推广工作，普遍有着吃苦耐劳、踏实朴素的传统文化特点。弘扬创新创业文化，就应该在这种文化的基础上，引导广大师生增强效率意识、创新意识和协同意识。创业型大学的核心是学术资本的转化。资本的转化就意味着有投入，有产出，一定要在激烈的竞争环境中获得更多的产出大于投入的结果。如果不能以最低的投入完成更多的任务，从长远来说，资源与任务就会流向其他生产效率更高的部门，错失发展的良机。因此，建设创业型大学要树立效率意识，提高基层学术组织的学术生产效率，提高资源的配置效率，提高学术成果转化的效率，使学校能在成本或时间上优于同类院校或相似部门，获得竞争的优势。创新意识是创业文化核心。创新创业都是要敢于突破固有的思维模式和办事风格，要敢于冒险、积极进取，引入一种新产品，或采用一种新的生产方法，或开辟一个新的市场，或改变一种新材料，或建立一种新组织形式，总之，是在现有的情境中建立一种新的函数。协同意识是对大学存在的"象牙塔"文化的纠偏，是倡导由单一学科向多学科、交叉学科转变，是倡导个体松散的科研向团队有组织的科研转变，是倡导教学、科研、推广从封闭运行向互融互通、三位一体转变，是倡导学校自我发展向学校与政府、产业建立协作关系共同发展转变。

在传统的大学中，学术文化和行政文化就存在着冲突和融合的问题，创业型大学引入的企业文化又将增加文化融合的难度。农林本科院校的创业型大学建设是一种自上而下的组织实施过程，而行政文化与企业文化的组织意识、效率意识又存在合流的可能，因此可以以行政文化融入企业文化影响学术文化的融合。事实上，健康的行政文化、企业文化与学术文化都有相同的本质，那就是不息的进取精神和对卓越的追求。

5.5 农林本科院校向创业型大学转型的原则

5.5.1 整体性原则

农林本科院校向创业型大学转型的重要一步是要形成教学、科研、推广"三位一体"的农林本科院校运行机制，有效推动学术资本的高效转化，为学校新的发展提供源源不断的新资源。因此，农林院校转型要有顶层设计，转型改革要自上而下；要依托强有力的领导核心，统筹学校教学、科研、社会服务、文化传承等各方面的改革；要将创新创业的精神融入学校运行的方方面面。在资源分配、人员考核等对学校发展影响深远的工作中要体现领导核心的坚强意志，体现创业型大学的特征。此外，整体性还体现在协同性上。要协同知识传承、知识生产、知识转化等不同部门的工作，正确认识不同部门的特点，处理好统一领导和分类指导的关系。要处理好学术转化成果多与学术转化成果少的院系间的关系，建立校级"反哺"机制，做到"顶层切片、交差补助"，对那些转化成果少却又对学校整体和长远发展有重要作用的院系建立援助机制。

5.5.2 动态性原则

向创业型大学转型在不同的阶段会面临不同的问题，也会有不同的阶段目标，学校要在总体战略的基础上，设定不同阶段的工作重点，坚持解决问题的灵活性，适时调整阶段发展战略。2011 年，浙江农林大学在中长期发展规划纲要中明确了要建成生态性创业型大学的发展目标，将转型发展的过程分成了两个阶段：第一阶段是从 2011 到 2015 年，把学校建设成为具有较强综合实力的生态性创业型大学；第二阶段是从 2015 到 2020 年，把学校初步建设成为国内知名的生态性创业型大学。事实上，动态性原则体现在创业型大学建设的全过程，我们在前文已经指出，创业型大学的"型"不是完成时而是进行时，是不断的创业过程。农林本科院校向创业型大学转型就要适应这种发展方式，确定重点发展方向，组建相关机构，制定考核制度，明确阶段目标，稳扎稳打，逐步实施，在进程中不断调整矫正，最终实现预期的转型目标。

5.5.3 开放性原则

创业型大学转型发展的一个重要策略就是要拓宽发展的外围。与传统高校相比，它与政府、产业界有着更紧密的联系，始终以一种更加开放的状态推进信息、人员、资源在校内校外间的良好循环。这种状态是创业型大学特殊的组织结构使然，那些创业组织和创业管理组织本身就是一种混合组织，具有校园、企业等组织的多种属性。创业活动受到政策环境、法制环境和产业环境的深远影响，创业型大学只有紧密关注外在的环境变化，认真分析外在趋势的走向，才能做出正确的创业决策。向创业型大学转型要更加重视市场的力量对大学发展的影响，一个健康的市场本身就是开放的、无界限的，大学只有本着一个开放的心态面对区域内、国内以及海外的市场，才能理性地参与市场的竞争，通过提供有价值的服务，在市场中获得新的发展资源。

5.6　农林本科院校向创业型大学转型的制度保障

新制度经济学理论视域下的创业型大学建设，是一次在有效制度下的诱致性制度变迁的过程。在我国的政治、经济、文化、科技、人口结构等方面发生深刻变化的背景下，大学特别是本科院校要适应这种变化，就要做出相应的调整。政府作为政策制度的供给方，要提供更多的有效制度，鼓励大学积极探索、发展创新；大学要发挥关键组织的作用，合理追求预期收益，主动、自觉、渐进地开展制度变迁，实现大学组织创业功能的最优化。新制度经济学理论带给创业型大学建设的启示是：创业型大学的建设过程一定是一次制度变迁的过程，既有外在制度的变迁，也有内部制度的变迁，以及内外制度有效互动，这样才能实现新的大学制度变革。

新制度经济学视角下的创业型大学转型，是大学在有效制度引导下，通过关键组织开展的诱致性制度变迁的过程。因此，加强大学的内外部制度建设，不仅给创业型大学提供了一个良好的制度环境，更为战略目标的有效落实提供了制度保障。

5.6.1 外在制度保障

广大农林本科院校的公办体制决定了外在制度建设对于保障院校成功转型的重要性。农林本科院校向创业型大学转型的外在制度保障主要包括：一是在制度设计上保障高校发展的自主权。要进一步落实高校发展的自主权，就要选派优秀的高校主要领导。为了实现农林本科院校的成功转型，教育主管部门可会同有关部门落实《中共中央国务院关于深化体制机制改革加快实施创新驱动发展战略的若干意见》《教育部财政部关于实施高等学校创新能力提升计划的意见》、教育部等五部委出台的《简政放权"放管服"结合优化服务改革的若干意见》等政策文件，制定落实方案，出台细则，发挥有效制度的"诱导性"。将高校自主权还给高校的同时，要完善高校领导选拔任用机制，将有企业家精神的教育专家选拔到大学的领导岗位，促进推进制度变迁的有效组织的形成。二是加大农林产业发展的统筹规划，开展制度创新，大力支持农林院校参与"三农"问题的解决。针对农林院校的发展特点和我国农业现代化发展的目标，教育部门、科技部门、农林管理部门以及各级地方政府要敢于开展制度创新，在省域或县域开展农林教育、科研、农技推广"三位一体"的制度实验，增加对农林院校的资金投入，建立以高校为依托，农林科技示范基地及科技示范站为网络的教学、科研、推广相融合的产业网络，通过制度设计将科技部门、农林管理部门的农林科技资金、推广资金直接拨到农林高校，增加农林高校科技推广人员的编制，使高校真正成为区域内农林科技转化、推广的主力军。在这样的制度设计下，科技创新（成果供给方）与科技应用（成果使用方）可以实现无缝对接，农林专家可以及时了解农林企业、农民的科技需求，敏锐发现科技成果的发展方向，在参与成果转化和科技推广的过程中会产生新的研究思路。农林院校学生在老师的带领下直接参与成果转化和农技推广，不仅提高了实践能力，还可以在这一过程中发现农林类产业创业的商机，在条件成熟时开启创业模式。而农林企业和农民也省去了中间环节，获取了最新的科技成果和最好的技术指导。从总体上看这种制度创新，可以实现多方的共赢，成为农林院校向创业型大学转型的重要政策红利。有关部门应在农林科技管理、农技推广等方面，加大整合和优化力度，提高农林本科院校的支持力度，积极推进教学、科研、农技推广"三位一体"的院校发展模式，更好地发挥农林本科院校的功能和作用。

5.6.2 内在制度保障

"路径依赖"理论认为，过去的历史会影响以后的发展。改革的最大阻力来源于思维和行动的"惯性"。要落实建设创业型大学建设战略，就要在考评制度、分配制度等关键制度方面打破原有的框架，形成新的制度规范。一是将创业业绩纳入教师业绩考评。将创业作为与科研和教学同等重要的工作，考评创业业绩。创业业绩可以以教师通过学术资本和货币资金投入，以团队的形式开展的创业活动作为考核点。创业主体分为两类：一类是经营实体(公司、企业)，包括在工商或民政部门注册，由教职工团队独立创办或与校外企业合作创办的企业；另一类是有偿的服务组织，由相对固定人员组成，并在稳定的业务领域开展技术开发、咨询服务、设计创意、培训等服务的非经济实体。考评的三个基准点是经济效益(实际的学术资本转化效果)、学科专业建设(是否有助于学校重点扶持的专业学科发展)和学生创新创业能力培养(是否引导大学生参与创业活动，是否有助于学生创新创业教育)。通过不同的加权形成对教师创业业绩进行评价，并将其与教学和科研以同等比重计算工作量。二是发挥分配制度的导向作用。建立科技成果转化收益分配制度，鼓励科技人员以科研成果入股参与企业的盈利分红，例如，可以规定利用学校知识产权开展创业的，由创业团队提供知识产权投资和使用价值评估依据及实施方案；以许可使用或知识产权作价入股方式的，经济收益的60%～80%归创业团队，学校所得采取"三免两减半"予以让利，即前三年全部经济收益归创业团队，后两年学校收取应获经济收益的50%，将知识产权一次性技术转让的，所得经济收益的70%归创业团队；利用非职务发明技术成果及知识、技能、创意开展创业的，经学校认定后予以认可和扶持，三年内经济收益归投资人所有，三年期满经考核合格持续创业的，所得经济收益的90%归创业团队。三是重视学校主导的二次分配制度建设。创业型大学不同于"创收性"大学的根本是学术资本转化是手段而不是目的，之所以重视外在资源的获取，是为了学校的长远发展争取必要的资源。因此，为了学校可持续发展和更好地实现大学职能，就必须重视学校资源的二次分配。学校可以规定提取各类创业活动中所获经济收益（知识产权转让收益或知识产权作价入股股权收益或经营净利润）的50%反哺创收能力较弱或不适宜创收的社会科学和人文学院（部）、学科，提升学校育人和科研的整体综合实力。

5.7 农林本科院校向创业型大学转型战略地图

战略地图是以平衡计分卡的四个层面目标（财务层面、客户层面、内部层面、学习与成长层面）为核心，通过分析这四个层面目标的相互关系而绘制的企业战略因果关系图。战略地图由于将战略的相关要素以比较直观的方式呈现，有利于将战略目标和战略要求有效传递，并方便战略实施效果的考核，在战略管理中被广泛使用。农林本科院校向创业型大学转型研究可以利用战略地图理论，将转型目标明确化，将转型要素可视化，将转型实施的路径清晰化。根据创业型大学的运行规律，我们将农林类创业型大学的转型目标分为职能发挥、内部运营、学习与成长三个层面。如图 5.2 所示。

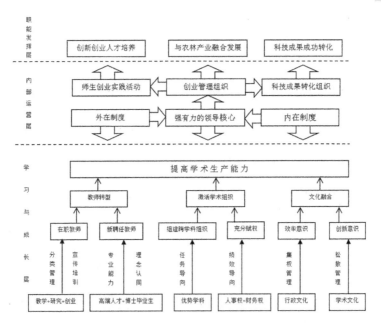

图 5.2　农林本科院校向创业型大学转型战略地图

本章小结

乡村振兴战略的全面实施为农林院校的发展带来了难得的发展机遇。农林本科院校应主动作为，在提高农林科技创新对农林产业发展的贡献度，培养新型职业农民等方面发挥更重要的作用，并在服务农林产业的发展中实现自身的转型升级。我们通过对农林本科院校的历史和现实的审视，回溯了农林本科院校的发展脉络，分析了农林本科院校的现状：农林本科院校中有较高比例的重点高校，全国分布广、农林类学科优势突出，是培养高等农林人才，提供农林科技供给的重要力量。

本章利用生态位的理论分析了农林本科院校为什么要转型以及为什么向应用性创业型大学转型的问题。农林本科院校拥有丰厚的农林资源和明显的农林属性，在高等教育系统中有着独特的功能和地位，同时由于泛化发展，与其他类型院校生态位的重叠现象突出，竞争关系更加激烈。依据生态位的理论，农林本科院校必须优化生态位态势，获取更多生存发展资源。因此，应实施生态位分离策略和关键生态位策略。应用性创业型大学发展模式符合生态位分离策略和关键生态位策略的要求，农林本科院校选择向应用性创业型大学转型是巩固生态位的现实需要，是实现生态位跃迁的历史要求，也是适应基础上的超越。

本章根据应用性创业型大学发展模式研究的成果，结合农林本科院校的自身特色，从组建创业团队、寻找创业机会、激活创业资源三个方面构建了农林本科院校向创业型大学转型的基本模式，并从转变发展理念、改造组织结构、突显创业特征、推动教师转型、促进文化融合五个方面论述了转型的具体策略。此外，本章还论述了转型所要遵循的整体性、动态性、开放性三原则，并从外在制度和内在制度两方面对保障转型成功的制度建设进行了研究。最后，根据战略地图理论，本章将农林类创业型大学的战略目标分为职能发挥、内部运营、学习与成长三个层面，并根据它们之间的关系绘制了学校转型的战略地图，使转型推进要素可视化。

第6章
某农业大学向创业型大学
转型的战略分析与方案设计

6.1　该农业大学向创业型大学转型的 SWOT 分析

本章选取辽宁省属某农林本科院校，应用前述研究成果，对其转型发展进行战略分析与方案设计。

这所农业大学是农业农村部和辽宁省共同建设的农林本科院校。它的办学历史可以追溯到我国农业教育的开始时期——1906 年清政府设立的省立奉天农业学堂，先后经历了奉天农业大学、东北大学农学院和沈阳农学院等几个发展阶段。在 1952 年全国高等院校调整时，它与复旦大学农学院合并，成立了新的沈阳农学院。1979 年 10 月，它经国务院批准成为全国首批重点高等院校，1981 年被国务院批准为首批具有博士、硕士学位授予权单位；1985 年 10 月，更名为农业大学。2000 年，学校由农业农村部所属划转为以辽宁省管理为主、辽宁省与农业农村部共建的全国重点大学。经过几代大学人的开拓创新和努力拼搏，学校的各项事业蓬勃发展，成为国家首批建设新农村发展研究院试点高校、中西部高校基础能力建设工程重点建设高校，教育部、农业农村部、国家林业和草原局开展的国家首批卓越农林人才教育培养计划改革试点高校。该农业大学现在已成为教学和科研并举，以农业与生命科学为特色，农、工、理、经、管、法多学科协调发展的教学研究型大学。

该农业大学确立的"十三五"期间的发展目标是，要基本完成学校综合改革任务，建立健全现代大学制度，加快治理能力和治理体系现代化，提高人才培养、科学研究、社会服务和文化传承的水平，推动一批高水平学院和学科进入国内一流行列或前列，学校办学质量、综合实力、国内外声誉显著提升，建设强盛大学、办人民满意大学，到2020年，实现上台阶、大发展，进入全国农业院校第一集团，主要学科、主要专业、主要办学指标在全国农业院校排名前8（根据艾瑞深校友会网2017中国大学综合实力排行榜，2017年这所农业大学在农林类院校中排名第16位）。如果要如期实现既定目标，就需要农业大学精心谋划发展战略，统筹发展资源，探索一条快速发展、弯道超车的新路。因此，以这所农业大学为例，开展向创业型大学转型的实践研究具有理论和现实的双重意义。

SWOT分析是战略研究常用的工具之一。SWOT分别代表优势（strengths）、劣势（weakness）、机会（opportunity）和威胁（threats）。利用SWOT分析工具有助于对该农业大学的现状进行

更深入的分析与研究，有助于决策者选择科学的发展路径。

6.1.1 转型发展优势

（1）教学能力稳步提高，人才培养规模稳定。该农业大学全面深化以提高人才培养质量为核心的教育教学改革，构建人才培养质量保障体系，培养质量不断提高。该大学开设了本科生课程2748门，已经结题完成的辽宁省、学校教学改革研究项目340项。获评3部国家级规划教材，获批国家本科专业综合改革试点项目1项，国家卓越农林人才教育培养计划改革试点专业8个，国家级大学生实践教育基地2个，国家级农科教合作人才培养基地4个，国家级本科教学实验中心1个，国家级优秀多媒体课件34个，省级优秀教学成果奖13项，获得国家级科技创新竞赛奖励的学生达99名。自主研发的"网络教学平台"丰富了学生自主式学习体验。研究生教育实施了校院两级管理体制改革，博士生实施了以"申请考核"方式录取的新机制，博士学位论文在国家抽检合格率方面位于全国农业院校前列。截至2015年年末，学校在校生人数已经达到20972人，其中全日制本科生13221人，全日制硕士研究生2431人，全日制博士研究生692人，在职攻读硕士学位研究生 1285 人，成人学历教育生 3292 人，留学生 51 人。"十二五"时期，学校为国家培养和输送了全日制本科毕业生 12342 人、硕士毕业生 5430 人、博士毕业生 496 人。本科毕业生年度就业率稳定在 95%，研究生年度就业率大幅提升，学校入选 2012 年度全国毕业生就业 50 所典型经验高校。

（2）学科专业布局完善，科技创新能力增强。经过近年的发展，该农业大学学科结构不断优化，学科整体水平稳步提高，农业和生命科学学科优势与特色进一步突显。"十二五"时期，该大学新增 8 个硕士学位授权一级学科，3 个硕士专业学位授权点，1 个博士学位授权一级学科。学校现有 6 个博士后科研流动站，7 个博士学位授权一级学科，18 个硕士学位授权一级学科，45 个博士学位授予权专业，116 个硕士学位授予权专业，23 个硕士专业学位授权点，57 个本科专业。学校现有 3 个国家重点学科，3 个农业农村部重点学科，6 个辽宁省高等学校一流特色学科，22 个辽宁省重点学科。大学围绕国家战略需求和地方重大战略举措，坚持自主创新，着力重点突破，科技创新水平和服务社会能力不断增强。"十二五"时期，新增省部级以上研究机构 24 个，获批省级协同创新中心 2 个，教育部科研创新团队 1 个。共承担国家、省、市下达的各类科研项目 1501 项，其中国家 863 项目 5 项、973 子课题 4 项、科技支撑计划课题 57 项，国家自然（社会）科学基金课题237项，科研经费总额达到8.02亿元；获国家科技进步二等奖2项，主持完成的科研成果获省部级奖励56项，其中一等奖13项，二等奖18项，三等奖25项，首次获教育部人文社会科学奖和辽宁省哲学社会科学一等奖；审定或登记植物新品种65个，获授权专利186项，其中发明专利88项。1项调研报告得到时任副总理汪洋的重要批示，2项调研报告获得辽宁省主要领导的充分肯定。学校以科技特派团等形式继续选派科技人员到基层开展科技扶贫、科技推广和科教兴农工作，先后在辽宁省10个市24个县（区）建立科教基点。

（3）师资力量雄厚，文化传统进取向上。该大学大力实施人才强校战略，完善了校院两级高层次人才培养与引进机制，师资队伍建设成效显著。学校现有教职工1556人，其中专任教师1083人。在专任教师中，具有高级专业技术职称的教师554人，占专任教师总数的51.2%，具有博士学位教师的比例由"十一五"末的40.3%增长到"十二五"末的56.6%。在职教职工中，现有中国工程院院士2人，特聘院士4人，长江学者特聘教授1人，国家杰出青年科学基金获得者2人，国家"百千万人才工程"、"新世纪百千万人才工程"、"全国杰出专业技术人才"、教育部"跨世纪优秀人才培养计划"、教育部"新世纪优秀人才支持计划"、教育部"优秀青年资助计划"等人选15人。享受国务院政府特殊津贴专家18人。另外，学校有国务院学科评议组成员3人，辽宁省学科评议组成员6人，教育部高等学校教学名师1人，辽宁省教学名师16人。学校从1952年建校以来，经过70年的办学传承和历史积淀，形成了"团结、勤奋、求实、创新"的优良校风和"坚韧不拔、坚持发展、坚定信心、坚持不懈、坚持事在人为"的大学精神，在全面推进综合改革、实施人才强校战略、提升内涵质量、进入全国农业院校第一集团等办学指导思想和目标方面形成了高度共识。这些宝贵的精神财富和优秀的文化传统对广大教职员工、全体师生和海内外校友有着巨大的凝聚和激励作用，是推动学校跨越式发展的动力之源。

6.1.2 转型发展劣势

高等院校之间的竞争空前激烈。国内正在掀起新一轮的高等教育竞争浪潮，面对国家实施的建设世界一流大学和一流学科的重大举措，国内高水平大学无不抢抓机遇努力建立自己的竞争优势。不进则退，慢进则退。这所农业大学经过长期发展已经形成了一些优势，但在学术研究、学科建设、人才培养、人才队伍建设、服务社会等方面仍存在一定不足，面临在激烈教育竞争中快速提升办学实力的严峻挑战。具体来看，在学术研究方面，科技创新能力还不够强，高层次科研平台、项目和高水平论文、成果仍显不足，培育大项目、大成果、大平台、大团队的机制与措施有待进一步健全；在学科建设方面，处于国内外领先水平和具有发展优势特色的学科还比较少，学科结构还不尽合理，发展不协调；在人才培养方面，教育模式不能适应培养拔尖创新人才的要求，创新教育教学覆盖率不高，实践教学有待加强，创业教育相对不足，教育国际化水平低；在人才队伍建设方面，高水平学术领军人才偏少，中青年学术骨干总体不足，师资队伍的整体素质有待提高，人员结构有待进一步优化；在服务社会方面，服务国家特别是辽宁经济社会发展的能力不足，现有科技成果不能满足农业产业需求，技术成熟度不高，创新链与产业链衔接不强。

6.1.3 转型发展机遇

（1）农业产业发展迫切需要农林院校助力支撑。"十三五"时期，我国农业进入一个"结构升级、方式转变、动力转换"的新时期，农业主要矛盾将由总量不足转变为结构性矛盾，主要表现为阶段性的供过于求和供给不足并存。推进农业供给侧结构性改革，加快培育农业农村发展新动能，提高农业综合效益和竞争力，成为当前和今后一个时期我国农业政策改革和完善的主要方向。农林本科院校作为农林人才第一资源和农林科技第一生产力的重要结合点，对支撑和引领农业产业发展的作用将与日俱增。

加快转变农业发展方式，迫切需要依靠科技创新增强发展动力。随着土地流转的不断加快，传统小农户分散经营加速向适度规模经营转变，新型农业经营主体成为现代农业的生力军，农业科技的需求向质量效益整体转变，进入新一轮技术需求旺盛期。资源条件和生态环境两道"紧箍咒"越绷越紧，依靠拼资源消耗、拼农业投入品、拼生态环境的粗放生产方式难以为继，农业生产对节能、减排、绿色、低碳等农业可持续发展技术提出了前所未有的需求。与国家总体发展情况类似，目前辽宁农业产业正进入稳定规模、调整结构、提高质量的新时期，该农业大学作为省内重要的农林本科院校，将在服务农业产业转型升级、提高农业产业生产效率和产出效益方面有着更广阔的发展空间和用武之地。

大力推进县域经济创新驱动发展，建设美丽宜居乡村，迫切需要依靠科技创新提供示范引领。长期的城乡二元结构造成县域经济发展滞后，特别是科技在农村的包容性增长滞后。县域科技创新基础薄弱，创新资源配置少，科技带动优势特色产业发展不突出。全面建成小康社会，打好脱贫攻坚战，建设美丽宜居乡村，壮大县域经济，提高广大农民生活品质，亟须科技落地农村基层，提升县域科技创新驱动发展能力。辽宁省正在积极实施"县域经济发展三年行动计划"，积极推进县乡村经济协调发展，落实脱贫攻坚工作，实现全面建成小康社会的发展目标，需要农林院校提供科技创新成果，参与农业人员培训，给予科学合理的发展建议。该农业大学可以发挥自身科技和人员的优势，通过服务县域经济社会发展获得新的发展资源和社会认可，在助力脱贫攻坚过程中扶持壮大特色农林产业，实现经济效益和社会效益的双丰收。

积极实施农业"走出去"战略，迫切需要依靠科技创新提升农业整体竞争。我国虽已成为全球第一大农产品进口国，第二大农产品贸易国，但在全球农产品贸易中的自主权还不够，根本原因在于产业分工仍处在价值链中的中低端，农产品国际竞争能力不强。近年来国际农业科技竞争日益激烈，发达国家围绕农业生物技术、物联网技术等重点领域已开始了新一轮的战略部署。为了适应新的竞争需要，我国提出"一带一路"倡议，这就迫切需要加快提升我国农业科技的国际竞争力，抢占世界农业科技制高点。辽宁不仅是工业大省，也是农业大省，"十二五"期间，设施农业占地面积发展到 1119 万亩，位居全国第 2 位，日光温室设施蔬菜面积全国第一。全省标准化规模养殖比重达到 65%，处于国内领先水平。禽蛋生产量和人均肉类占有水平分别位居全国第1位和第2位；35%的生猪、56%的禽肉、68%的禽蛋销售到省外。农产品加工业主营业务收入达到8542亿元，实现利税658亿元，农产品加工业出口交货值942亿元。农产品加工业已成为支撑辽宁经济社会发展的四大支柱产业之一。在推动辽宁新一轮振兴的背景下，提高农产品的质量和附加值、积极实施农业"走出去"战略的意义重大。该农业大学可以联合省内其他农林类高校，充分发挥高校人才和科技优势，提高高校与产业发展的融合度，全面提升辽宁农业产业生产水平，提高辽宁农业产品在省外及国外的竞争力，为辽宁振兴发展贡献力量。

（2）科技革命蓄势待发，农林产业科技创新和发展面临崭新机遇。当前，全球新一轮科技革命和产业变革蓄势待发，生命起源、物质结构等重大科学问题达成原创性突破，正在开辟新前沿、新方向，信息技术、生物技术、制造技术、新材料技术、新能源技术等广泛影响农林产业发展，以泛在、智能、绿色为特征的群体性重大技术变革正在兴起。合成生物学等技术进入快速发展阶段，从系统整体的角度和量子的微观层面认识生命活动的规律，为探索生命起源和进化开辟了崭新模式，掀起新一轮农业生物技术革命浪潮。信息化主导的智能农业，生物技术引领的农业生物制造产业，为推动现代农业产业转型升级夯实了基础，智慧农业进入发展提速期，可持续发展的绿色发展技术等正深刻地改变着人们的生产和生活方式。同时，全球创新创业进入高度活跃期，为构筑农业农村科技先发优势提供了机遇。资本、技术、人才、知识等创新要素在全球流动的范围、速度和规模超出以往。创新模式发生重大变化，创新活动的网络化、全球化特征日益明显。该农业大学可以充分利用这难得的发展机遇，选准科技创新的发展方向，向创业型大学转型，实现跨越式发展。

6.1.4 转型发展威胁

该农业大学在"十三五"规划中设定的目标是：到2020年实现上台阶、大发展，进入全国农业院校第一集团，主要学科、主要专业、主要办学指标在全国农业院校排名前8。而根据艾瑞深校友会网2017年中国大学综合实力排行榜，2017年，该农业大学在全国39所主要的农林类院校中排名16位，属于区域内知名农林大学，但与中国农业大学（世界知名、中国一流大学）、南京农业大学（世界知名、中国高水平）等农林院校还有很大差距，与黑龙江省的两所农林类院校东北林业大学（中国知名大学）、东北农业大学（中国知名大学）相比，在某些方面也有一定差距。当前，该农业大学的改革正步入攻坚期和深水区，提升内涵质量和管理服务水平，全面深化综合改革，深入推进学校治理结构和治理能力现代化等任务已经迫在眉睫。且该大学的一些管理体制机制已无法适应内涵式发展的要求，制约作用日益凸显，改革会更深层次触及传统利益格局、思想观念和行为方式，这是必须面临的重大挑战。此外，学校还面临着办学资源短缺的现实问题，随着学校的快速发展，办学资源短缺与需求增长加快的矛盾将更加突出。与中央部委所属院校和发达省份的高校相比，学校财政拨款总量少且财政拨款所占比例较大，自筹经费相对不足，难以满足事业快速发展的需求。

与部分省份相比，辽宁省农业农村科技自主创新能力特别是原始创新能力还存在较大差距，总体上处于大部分并行和跟跑，少量领跑的局面，缺乏竞争力。农林科技人才总量较大，但拔尖优秀人才较少，能够引领突破方向、把握科技发展趋势的领军人才和优秀团队更是匮乏。农林院校缺乏支撑产业发展的能力，还不能完全适应创新驱动发展战略的要求。校企、校地、校产、校校协同创新机制不健全，创新资源分散，创新效率不高，有组织地科研攻关、集中力量打歼灭战的制度体系尚不完备。围绕创新链设置学科链、围绕产业链部署人才链的新型科研教学组织和管理方式尚未完全形成。产学研用结合不紧密，教学、科研、农技推广"三位一体"的工作机制还没形成,农林本科院校先进实用技术成果的源头产出和供给不足。在"十三五"时期,要实现振兴农村发展目标,由农业大省发展成为农业强省,使农业产业成为支撑老工业基地振兴的重要力量,就必须改革农业大学的发展方式,发挥示范引领作用,培育以该农业大学为龙头,其他省内农林院校为依托的农林科技创新资源的供给方,服务推动辽宁省农林产业结构升级,加快提高农业综合效益和竞争力,真正实现农林院校与农林产业的协调发展、共同提高。

6.2　该农业大学向创业型大学转型方案设计

6.2.1 明确转型发展方向

该农业大学要实现赶超同类农林院校进入全国农林院校的第一集团的战略目标就必须创新发展思路,明确转型方向,即通过向创业型大学的转型实践,提高创新创业型农林人才供给能力,提升服务区域农林产业发展水平,通过学术资源向学术资本的成功转化不断获取新的发展资源。辽宁省经济社会发展的新常态决定了教育经费总支出不会有较大的提高，而辽宁省教育拨款正从按人口数量拨款向以实际贡献力为重要依据的差异化资金分配机制转变，这一变化将进一步加剧高校间对有限资源的争夺。毋庸讳言，高等院校的良性发展必须依靠充足的办学资源：无论是一流学科的建设，还是优秀的教师队伍建设，都是以比较充裕的办学资源作为支撑。因此，破解办学资源短缺与学校快速发展带来的资源需求增长的矛盾，是学校决策者首先面对的问题。事实上，开展向创业型大学转型很重要的一个问题就是增加办学资源。从该农业大学的办学实际出发，它向创业型大学转型的方式既需要"顶天"，也需要"立地"。顶天，是依据国家科技管理体制改革意见，围绕国家重大科技计划专项，建立重大科技项目建议和重大科技项目培育储备库，紧跟国家七大农作物育种试点专项、化学肥料和农药减施增效综合技术研发试点专项、粮食丰产科技工程、现代农业产业技术体系建设计划等，加强协同创新，积极承担重大科研项目，进一步争取国家对学校建设发展资金的支持，最大范围地争取国家教育经费、横向科技经费以及其他专项经费、政策性资源；立地，是学校坚持地方本科农林院校属性，进一步与区域农林产业发展贴紧靠实，捆绑发展，通过提供更加优质的人才培养、科技转化、技术推广等学术服务，争取专项资金，获得转化收益，逐渐增强通过其他渠道获取发展资源的能力。该农业大学开展"顶天立地"式的创业型大学转型，在管理方面需要进一步增强学校战略规划和战略实施的统一性，需要赋予校级领导更多的决策权力，即一方面需要建立坚强的领导核心，在学校校级层面统一转型发展的思想，明确转型发展的步骤；另一方面就是要通过深化人事制度改革，建立"能上能下、能进能出"的用人机制，完善奖惩规定，真正激活学校师生的创业活力。在运行机制方面，该大学要统筹教学、科研、服务的关系，以突显创业特征为目标，建立人才培养、科学研究、科技推广"三位一体"的工作机制，将带动学生参与科研和农技推广作为教学改革的重要内容，将学校的有组织创业作为学生创新创业教育的重要环节。

6.2.2 深化组织机构改革

（1）学术生产组织。分类发展，提高学科建设实效性。学科建设是保证学术生产水平和效果的基础，学科水平代表了学校学术生产的基本能力。指导学科分类发展，实现一流学科全国叫得响、应用学科服务社会用得上的目标。该农业大学开展向创业型大学转型工作，要更加突出学科建设在学校发展中的龙头地位，发挥学科建设对学校内涵式发展的引领带动作用，确保学校核心竞争力显著提升。该大学可通过实施学科、学科群分层发展战略，实行分层发展、递次推进，坚持重点突破、突出特色、交叉融合、错位发展的方针，用现代生物技术和信息技术提升学科整体实力，按一级学科优化调整学科布局，重点支持优势特色学科建设，力争将若干学科水平提升到国内先进水平。该大学在一流学科建设方面，可按照"引进和培养大师、组建大团队、构筑大平台、争取大项目、产出大成果，突出大学特色"的思路，集中优势力量重点建设作物学、园艺学、农业资源与环境三个第一层次学科和部分第二层次学科，力争有 5～6 个一级学科排名进入全国前 25%；在统筹学科建设方面，深入实施四层次学科建设计划，按照在全国同类一级学科排名划分学科层次，深入推进四层次学科建设，力争到"十三五"中期，第一、二层次学科达到 50% 以上；在基层学术组织建设方面，按照研究型、教学研究型和教学型三种类型定位推进特色学院建设，力争建成具有国内先进水平的研究型学院 2～3 个，教学研究型学院 5～7 个，教学型学院 (部)3～4 个。

无论是一流学科建设，还是应用学科发展，都需要适应现代科学研究的发展趋势，从分散的个体和小规模研究形式为主要的单一学科的研究向以一定规模的、多学科综合的研究方向发展，即逐渐由"小科学"向"大科学"发展。农业大学要根据传统学科优势，紧跟农林科技发展方向和产业发展需求，构建校级学科群培育平台，按照"单学科—跨学科—学科群"的发展模式，组建跨学科、跨学院优势学科群，重点建设现代农业与生物技术类学科群、动物生产类学科群、农业工程类学科群、资源与环境类学科群、农业经管类学科群五大类学科群。一是现代农业与生物技术类学科群。该学科群包含植物保护、园艺学、作物学一级博士学科与生物学一级硕士学科。该学科群涵盖了"北方植物免疫病害重点开放实验室"和"作物生理生态遗传育种重点开放实验室" 2个农业农村部重点实验室，以及"辽宁省农业生物技术重点实验室""辽宁省设施园艺重点实验室""辽宁省生物农药工程技术研究中心""辽宁省北方粳稻育种重点实验室""辽宁省工厂化高效农业工程中心""东北粳稻遗传改良与优质高效生产协同创新中心"等一批省部级重点实验室与研究中心。该学科群建设应以国家重点学科蔬菜学、作物栽培学与耕作学为核心，以植物学、遗传学、微生物学、生物化学与分子生物学等基础学科为基础，通过将传统农作物生产类学科向新兴生命科学的渗透拓展，促进发育生物学、细胞生物学等生命科学相关学科的发展；深入开展克隆技术、基因工程等前沿领域的科学研究，形成完整的农业生物技术学科群，通过科研联合实现优势互补、促进学科交叉，构建出学校生命科学研究的主体框架。二是动物生产类学科群。该学科涵盖了辽宁省瘦肉型猪繁育工程技术研究中心、马属动物科学研究所、畜牧产业经济研究中心等重点实验室和研究所，依托畜牧学、兽医学两个一级硕士学科，以省级重点学科增强特种经济动物饲养、动物营养与饲料科学为核心，以预防兽医学、临床兽医学、基础兽医学等学科的建设为基础，大力发展动物遗传育种与繁殖等学科，提高畜牧产业经济研究中心建设水平，积极推进畜牧生产与产业发展的融合建设，形成兽医、畜牧、畜牧生产协调发展、相互促进的涵盖动物生产各方面的动物生产类学科群。三是农业工程类学科群。以省级重点学科农业机械化工程为依托，提高机械设计及理论、计算机应用技术等基础研究的研究能力，发挥辽宁省设施农业环境与装备工程研究中心、农业机械化重点实验室、辽宁省农业信息化工程技术研究中心等实验室及研究机构的重要作用，积极推进农产品加工及贮藏工程、农业电气化与自动化、农业水土工程、农业信息化技术等应用型学科的建设，通过鼓励校企联合、校地合作，加快科研成果转化速度，推动由基础研究到实际应用的良性循环，促进不同类型学科的有机结合和协调发展。四是资源与环境类学科群。围绕国家重点学科土壤学，依托农业资源，利用一级博士学科，全面带动气象学、生态学、森林培育等基础研究型学科的建设，大力发展环境工程、园林植物与观赏园艺等应用研究型学科，形成完整的农业资源与环境类学科群。该学科群要紧紧依托辽宁省农业资源与环境重点实验室、辽宁省生物质能源生物转化技术重点实验室、辽宁省农业资源与环境重点实验室、辽宁省生物炭工程技术研究中心等研究机构，加强学科的交叉融合，在精准农业研究与3S技术应用、生物能源开发等领域开展协作攻关，力争取得新的先进科研成果。五是农业经管类学科群。以省级重点学科农林经济管理为核心，围绕农林经济管理一级博士学科建设，提升土地资源管理、林业经济管理、农村财政金融等学科建设水平，形成以"三农"相关问题研究为特色的经济、管理类学科群。农业经济管理学科在辽宁省内有着重要的学科地位和研究基础，可以充分发挥农业经管类学科服务农林生产，与其他农林学科的广泛相容性，构建"农业经管+X"的学科建设新格局，依托辽宁现代农业发展研究基地，将学科做强做实。

（2）科技成果转化组织。整合校内外科研基地资源，构建成果转化落地网络。推动科技成果的成功转化，实现学术资源向学术资本的转变是建设创业型大学的核心任务。该农业大学向创业型大学转型需要建立以校内科研基地为核心，校外科研基地为支撑，县区实验站、示范户为基点的成果转化落地网络，充分挖掘现有科研基地资源，做好统筹和集中管理。"十二五"期间，该农业大学投入近5000万元建设了校内科研基地，建成实验站、田间作业室、现代日光温室等科研设施60000余平方米，全力打造了作物种植区、养殖区、园艺园林区三大板块。作物种植区涵盖玉米、水稻、小麦、大豆、花生、高粱园区；养殖区包括猪场、鸡场、农业农村部桑蚕体系试验站、淡水养殖区、现代马业区；园艺园林区建有现代日光温室区、农业农村部东北野生猕猴桃资源圃、农业农村部东北野菜资源圃、农业农村部山楂资源圃、寒富苹果园、葡萄资源圃、草莓资源圃、树莓资源圃、蓝莓资源圃等。首先，学校依据辽宁省的自然资源特点，以地方主导产业为抓手，在辽河平原区、辽西北生态屏障区、辽东生态林区建设了该农业大学辽中院士水稻科研基地、该农业大学海城综合示范基地、该农业大学昌图科研基地、该农业大学彰武林业科研基地、该农业大学新民设施蔬菜科研基地等校外科研基地，基本完成了对应省内主要农林经济发展的地区基地布局。学校还应根据该战略发展目标，统筹利用现有资源，按照有进有退、重点突出的原则，提高科研基地利用效率，充分释放科技转化能力。其次，学校应瞄准东北现代农业发展的新目标，在做强做大传统农林产业科技成果转化的基础上，全力配合辽宁省政府突破辽西北、沈阳经济区建设、沿海经济带建设、县域经济、沈抚新城五大区域发展战略，在重点区域布局农林产业新的增长项目，通过生物技术、信息技术提高农林产业发展水平，强化校级统筹水平，由点连线成面，建成覆盖全省重要农林产区的科技成果转化网络。最后，加大科研团队、教学团队派出力度，真正实现政、产、学、研、用的高度结合，解决农业科技转化的"最后一公里"问题。

依托新农村发展研究院，推动农村科技服务向前沿推进。2012年经教育部、科技部批准同意，该农业大学成为首批10所成立新农村发展研究院的高校之一。教育部、科技部开展新农村发展研究院建设的初衷，就是通过新农村发展研究院的建设，解决高校科研与产业链条结合不紧密、针对性不强、转化应用成效不明显、服务经济社会发展能力不突出等问题，通过体制机制创新，探索建立适应我国新农村建设需要的大学农业科技推广模式。获批成立后，该农业大学将研究院建设与海城校区建设统筹推进，规划土地面积1500亩，开展教学设施、生活设施和试验实习基地等建设。2017年硬件建设已基本结束，下一步学校应坚持"高起点，出成果，强辐射"的目标要求，聚焦辽南农林产业，立足辽宁农村发展，积极打造引领支撑新农村建设的综合性科技创新、技术服务、人才培养和政策咨询平台，通过源头创新和产业应用技术变革提供科学技术支撑，通过专业人才培养和职业农民培训提供人才队伍支撑，通过体制创新和机制创新的政策研究与咨询提供理论支撑，为辽宁农村振兴提供全方位的支持和服务。研究院建设应坚持高起点，选取具有代表性和突破性的农林产业发展方向，集中攻关，整体推进；应坚持"以服务为宗旨，在贡献中发展"的理念，出成果，推项目，通过"科教结合、产业互动"，不断强化农林院校科技服务产业发展的价值；应大力推进校—校、校—院/所、校—地、校—企的深度合作，坚持顶天立地统筹推进，县、乡、村三级联动，提高科技创新辐射度和贡献度。新农村发展研究院应以海城和沈阳校内示范基地建设为基础，依托校外分基地，加大农业科技示范站建设力度，逐渐建设培育若干个具有区域特色的农业新品种、新技术和新产品试验示范基地及一批分布式服务站；应进一步深化和完善高校依托型的新农村建设综合服务平台和农业技术推广新模式，促进科技发展和人才培养有机结合，成果转化和新型农民同步成长，科教平台向校外基地延伸发展。

（3）创业管理组织。向创业型大学转型就要强化科技成果转化收益，提高创新创业人才有效供给水平。因此，学校应进一步强化学校创业管理职能，统筹学术资本转化和创新创业人才培养工作，在校级层面组建创业型大学建设发展委员会，成员由学校党委委员和政府、企业有关人员组成，负责集中规划和领导创业型大学建设，下属创业专门管理组织，负责统筹学校科技成果转化和创新创业人才培养工作。该部门作为创新创业人才培养工作协调部门，主要是通过提供社会资源，保证创新创业实践课程，主要负责社会导师评聘、校内师生创业团队组建考核、大学生创业基地管理等工作。校级创业管理部门的职责是推进校内科研成果转化，推动农技推广工作。目前，该农业大学这方面的工作主要由学校科技处负责。科技处主要由项目管理科、成果管理科、科教兴农办、基地管理办四个科级部门组成，编制只有10人，他们将更多的精力放在了科技管理方面的日常工作上。下一步，应在科技处的基础上组建该农业大学创新创业管理中心（农技推广办公室），扩大人员编制（达到30人左右规模），主要职责包括：开展与省、市、地区的各行业的一切横向科技合作，组织横向科技合作项目的联合攻关；促进科技成果的转化；促进并审批各院、系（所）与企业联合建立有利于该校学科建设和科研工作进一步发展的研发机构；促进学校与全国各省、市、地区、企业之间的信息沟通，代表该校参加各类科技成果发布会、洽谈会；审核、签订和管理该校的横向技术合同并负责横向合同经费的管理；负责学校日常的知识产权管理和保护工作；组织项目策划、包装、无形资产评估，以及项目孵化和高新技术企业孵化；负责以高新技术成果作价入股的股权管理；负责学校生产力促进中心和校企合作委员会日常工作的开展；为学校和政府部门提供科技发展战略与科技成果转化方面的建议；为企业的发展提供咨询等服务；

开展其他科技、技术中介服务等，兼顾创新创业人才培养有关职能。此外，还以农技推广中心的名义，统筹负责农技推广工作。

6.2.3 突显大学创业特征

创业型大学与传统大学的显著区别是将创新创业的精神文化和目标要求融入人才培养、科学研究、服务社会等学校的主要职能中，将改革的精神体现在学校运行的方方面面，通过学校有组织的创业行为，获取新的发展资源，赢得社会的认可，得到利益相关者的认同。

（1）与专业教育相融合，提高实践层次，增强创新创业教育实效。开展创新创业教育务求实效，初级层次是提高学生的创新创业意识，习得创新创业的技能；高级层次是将企业家精神与专业精神相融合，造就一大批能够进行创新创业的专门人才。该农业大学已经打下了一定的创新创业教育组织基础：成立了创新创业教育工作领导小组，由校长担任组长，分管教学工作、学科工作和科研工作的副校长担任副组长，教务处、研究生院、学生处、校团委、计财处、科技处、校工会负责人担任成员；组建了以主管教学的副校长为主任的大学生创新创业教育中心，中心副主任由教务处、学生处主要负责人担任，教务处、学生处、校团委、科技处、各学院等相关部门互相配合、互相支持，形成了齐抓共管的创新创业教育工作机制。除此之外，该农业大学还建立了学校、学院和相关职能部门三位一体的创新创业工作体系，各学院主要抓本学院相关专业、学科创新竞赛和学习竞赛，如机械设计竞赛、电子设计竞赛、数学建模竞赛等；各职能部门主要组织选拔选手参加跨专业、综合性创新创业竞赛，如"互联网+"大学生创新创业竞赛、大学生服务外包创新创业大赛、"创青春"大学生创业大赛等；学校各教学科研实验中心和研究所为竞赛提供仪器设备、场地等硬件平台。为了持续推进大学生创新创业教育工作，不断提高人才培养质量，该大学还制定了本学校的《大学生创新创业教育改革实施方案》，出台了《大学生创新创业训练计划项目管理办法》《大学生创新创业竞赛管理办法》和《大学生创新创业活动奖励办法》等相关政策，为创新创业教育的实施提供制度保障。为了适应创业型大学的建设要求，该大学创新创业教育下一步的工作重点：一是要加强与专业课程的融合度，选取示范专业作为专业教育与创新创业教育相结合的人才培养改革的试点，完善人才培养方案，侧重专业创业教育；二是要突出创新创业教育的实践特点，将重心放在师生创新创业团队的建设上，将创新创业教育与学校科技成果转化工作相结合，将农技推广和农林科技成果转化工作作为培养锻炼学生创新创业能力的重要模式，加强对有创业意愿学生的帮扶，积极完善创新创业教育基地建设，对学生创业工作给予全面支持。

（2）坚持顶天立地，增强科技创新对创业型大学建设的支撑作用。创新创业人才培养、科技成果转化都需要坚实的科学研究来支撑。该农业大学要实现向创业型大学的成功转型，在科学研究上就要体现"顶天立地"的战略意图。①顶天方面。积极推进协同创新，大力提升学校原始创新能力，培育一流创新团队，构筑和打造一流科研平台，深化科技体制改革，提高承担重大科研任务的能力，培育更多标志性成果；利用学校现有基础优势，围绕领军人才，加强北方粳稻、设施园艺等学科方向的科研平台和创新团队建设，力争在"十三五"时期建成国家级研究机构5个，打造国家级科研创新团队4~5个，建成若干科研高峰。②立地方面。加强农林产业应用研究，主动参与扶贫开发、农业转型升级等社会服务工作，在服务一线中确定研究方向，培育农林新兴产业，力争在"十三五"时期培育农林应用性科技成果20项，培育百万级农林产业项目30个；加强农林经济管理研究，建设校级农业类智库5个，省级农业类智库3个，以高水平农林经济管理发展理论研究指导农林类创业型大学建设。

高度重视校企联盟建设，借助联盟平台实现支撑作用。2017

年该农业大学牵头成立了辽宁省农业产业校企联盟，首批共有11所高校、科研院所和150家企业加入。依托校企联盟平台，该校的科技创新水平和科研成果转化效率显著提升，人才培养质量明显提高。校企联盟是协同创新、协同育人的重要平台，建设创业型大学需要进一步加强校企联盟建设，利用搭建的平台促进信息、知识、资源等方面的交流和循环，促进知识生产、知识传播、知识应用这一知识链条的有序运行，发挥知识更多的显性作用。

（3）多措并举，增强服务区域经济社会发展的实效性。创业型大学学术资源向学术资本的成功转化都是通过服务实现的，"以服务求生存，以奉献促发展"是一所本科大学创业生存的根本之道。该农业大学向创业型大学转型，就要围绕区域农林产业发展提供全方位的发展服务。一是开展农林产业人才培训。该农业大学在做好全日制学生培养的同时，要利用自身的资源优势，围绕农村振兴发展要求主动出击，联合有关部门，开展有针对性的农民培训。该农业大学先后与沈阳市科技局联合开展"沈阳市农村青年科技人才研修工程"（从沈阳市农村优秀青年农民中选出一批优秀分子到学校应用技术学院接受正规教育，通过一年的系统学习，将其培养成为有文化、懂技术、会经营的新型农民，使其成为建设沈阳市社会主义新农村的一支科技骨干力量）；与省委组织部和省科技厅、人事厅、农委、财政厅共同组织实施"辽宁省农民技术员培养工程"（依托该农业大学，用4年的时间，每年培训2期学员。学员结业通过考试和技能鉴定，颁发职业资格证书。培养工程为省内各市地广大农村培养了一批留得住、用得上的高素质人才）；与沈阳市、本溪市、锦州市、朝阳市、铁岭市等市签订协议，实施"一村1名大学生计划"（通过开展大学学历试点班，为农村培养掌握现代农业科技知识及管理知识，带动广大农民依靠科技致富的领头人，以此来促进村级组织结构的改善）。本批实施的培训项目取得了很好的经济效益和社会效益，是学校参与社会培训工作的有益尝试。下一步，学校应认真分析农林人才再培训的需求，设计切实可行的培训方案，不断开拓培训市场，开办农民学校，拓展学历教育之外的人才培养教育的新模式。二是大力推进农技推广。深入贯彻中央藏粮于地、藏粮于技的精神，大力开展应用技术类研究，将好的应用成果及时推广到农林生产一线，将科技创新转化为实实在在的生产力，在帮助农民增产增收的同时，也带头发展壮大一批标志性校属农林企业。这样既可以带领村民发家致富，也为学校跨越式发展提供新的资源。三是加强农林产业政策和生产经营机制研究，建设1~2个高水平农业智库，为农林产业发展提供智力支持。下一步，学校应采取挂职、下派等多种形式，扩大科技特派员等项目的实施范围，进一步激活学校的人才资源和科技资源，为农林产业发展提供全面的智力支持和技术保障。四是顺应"互联网＋农业"发展形势，依托先进的信息技术打造以高校为核心，全方位服务农民、涉农企业、政府的农林产业智慧云平台。通过现代信息技术，为农林产业提高信息、数据、技术服务，建立供给方和需求方无缝连接的网上对接平台，打造农林技术网上指导培训平台，并以农林产业智慧云平台建设为抓手，开启支撑全省农林产业转型升级的新征程。

6.2.4 完善师资队伍建设

教师既是知识的传授者，也是知识的创造者，他们是建设创业型大学的主力军，是学校改革发展最重要的资源。师资队伍建设要紧密围绕学校发展的战略目标，要坚持顶天立地，引进培育高端研究人才，培养应用技术开发、推广人才，要做好教师队伍的梯队建设。首先，实施高端人才引育计划。根据优势特色学科建设需要，加大引进和培养两院院士、"千人计划""长江学者""国家杰青"等高层次拔尖人才和领军人物，力争在"十三五"时期高端人才总人数达到 19 人左右。其次，实施天柱山四层次人才计划。实施"天柱山领军人才""天柱山学者""天柱山英才"和"天柱山青年骨干教师"四层次的校内人才支持计划，力争在"十三五"时期培养"天柱山领军人才"5人、"天柱山学者"15人、"天柱山英才"25人、"天柱山青年骨干教师"75人，全方位培养优秀中青年学者，大力支持骨干教师发展。在教师人才支持计划遴选的标准中增加科技成果转化、农林技术推广能力及成效的考核比重，加强培养和储备适应创业型大学建设发展的师资队伍。为适应向创业型大学转型的需要，该大学可按照培训提高在岗教师、招聘培养青年教师并行方式，提高教师适应创业型大学发展的能力。一是向在岗教师广泛宣传解读学校实施创业型大学发展战略的背景和举措，引导大家学习理解学校出台的推进创业型大学建设的制度和文件，通过典型示范、参观学习、集中培训等方式提高教师适应创业型大学建设的能力和水平。二是高度重视教师招聘工作，招聘新教师时，除了关注其学术水平、教育教学能力、科研转化经验外，还要通过结构化面试、背景调查等方法加大对教师价值观、文化认同等方面的考核，选聘那些认同学校的发展战略，能够很快融入学校文化的教师，不断增强推动创业型大学建设的新生力量。

6.2.5 推进创新创业文化建设

大学文化包括精神文化、制度文化、行为文化、物质文化，推进大学创新创业文化就是在大学原有的文化体系中融入创新创业的元素，推进文化的融合和升华。该农业大学作为有着丰厚历史底蕴的农林大学，有着自己的文化轨迹，推进学校创新创业文化建设，就要丰富原有的大学精神，完善制度文化，打造精品品牌文化，完善物质文化。

①丰富大学精神。一个学校的创新创业文化必须根植于这所学校的历史脉络中，就该农业大学而言，推进创新创业文化首先就要把握农业大学不同历史时期的精神特点，深入挖掘大学精神的文化内涵，在"坚韧不拔、坚持发展、坚定信心、坚持不懈、坚持事在人为"的新时期大学精神中融入"敢为人先，与时俱进"的新精神。该校的广大师生不缺乏吃苦耐劳的"老黄牛"精神，但与先进高校相比，在开创性和创新性等方面还有差距，在发展的历史中也因此丧失了重要的发展契机。开展创业型大学建设是一次重要的组织变革，学校要从上到下拿出一种"闯一闯""试一试"的勇气和气魄，引入更加积极开放的外在元素丰富发展大学精神，使它更具有时代的特征和现实的况味。

②完善制度文化建设。如果说精神的塑造是一种文化软实力的建设，那么推进制度文化建设，确保各项改革目标顺利实现则是一项硬工程。推进向创业型大学转型必须在评价制度、激励政策等方面推出一系列新制度。应尽快研究出台本学校的《关于鼓励和扶持创业的若干意见》《知识产权作价入股开展创业的实施方法》和《学术创业业绩评价与计算办法》，鼓励规范学术创业活动，引导推进师生科技成果转化及产业化发展；出台分类考核的文件和制度，将成果转化收益、服务社会情况与教师职称评定、教师收入分配、学生考核紧密结合，坚持目标和绩效管理为导向，制定实施细则，保证可实施落地。

③打造品牌文化。继续贯彻学校文化建设发展纲要，发挥学校既有校园文化活动品牌建设的优势经验，塑造更多具有良好社会声誉的学术、科技、文艺、体育、社会服务文化活动品牌。强化活动特色，浓郁学术氛围，推进文化育人，做强大学学生"面向基层""面向农村"及青年志愿者活动的精品文化活动品牌，并以此作为引领师生践行社会主义核心价值观的重要模式。

④完善物质文化。加强创新创业文化载体建设，通过宣传栏、标识物以及科技示范基地、教室、寝室等建筑物内饰建设，营造创新创业的氛围，激发奋进进取的精神。推进大学形象识别系统建设，形成大学特色文化符号，为强化大学品牌提供保障。

开展创新创业文化建设是确保大学成功转型的重要手段和必要环节，只有将创新创业文化植入师生的内心，将创新创业文化以制度化、具化的形式在校园里固化，将创新创业文化与学术文化、行政文化有机交融，才能更好、更持久地推动学校向创业型大学转型。

本章小结

本章以辽宁省属某农林本科院校为例，应用前述研究成果，对其转型发展进行战略分析与方案设计。

第一，本章运用战略规划工具 SWOT 分析法对该大学的现状做了分析。向创业型大学转型，该农业大学具有的优势是教学能力稳步提高，人才培养规模稳定；学科专业布局完善，科技创新能力不断增强；师资力量雄厚，文化传统进取向上等。具有的劣势是科技创新能力还不够强，具有国内外领先水平和发展优势特色的学科还比较少；创新教育教学覆盖率不高，实践教学水平有待加强；高水平学术领军人才偏少，中青年学术骨干总体不足，师资队伍的整体素质与人员结构有待进一步优化和提高；服务国家特别是辽宁省经济社会发展能力不足，现有科技成果不能满足农业产业需求，技术成熟度不高，创新链与产业链衔接不强等。

面临的机遇是农林产业发展对农林院校的迫切需求，农林产业科技创新又逢新的重要发展期等。面临的威胁是办学资源短缺与需求增长加快的矛盾，着力突破体制机制障碍、深入推进关键领域改革的窗口期即将过去，时间紧迫。

第二，本章从明确转型发展方向、开展组织改造、突显大学创业特征、完善师资队伍建设、推进创新创业文化建设等五个方面对该农业大学的转型方案进行了设计。转型的方向就是坚持走"顶天立地"式的应用性创业型大学发展道路，通过学术资源的转化，破解办学资源短缺与学校快速发展带来的资源需求增长的矛盾。开展组织改造，就要坚持分类发展，培育学科群，发展好学科组织；开展组织改造，就要整合校内外科研基地资源，依托新农村发展研究院，推动农村科技服务向生产前沿推进，真正激活科技成果转化组织；开展组织改造，就要组建创业管理组织，统筹创业资源，提高创业能力和创新创业人才培养水平。突显大学创业特征就要将创新创业融入教学、科研、农技推广工作。完善师资队伍建设则是以创业型大学建设的要求，引进合适的人才，开展对应的教育教师培训和宣传活动，打造一支与创业型大学建设相适应的师资队伍。推进创新创业文化建设的重点是丰富大学精神、完善制度文化、打造精品品牌文化、完善物质文化等。

第 7 章

结论与展望

创业型大学是大学多元发展的一种新形态。它通过提高大学创新创业人才和创新能力的供给水平获得利益相关者的认可，通过将学术资源转化为学术资本获得新的发展资源；它开启了与传统大学不同的发展道路，正成为大学发展中一股不可轻视的力量。本书以大学职能的历史演变为开端，以国内外创业型大学发展的实践案例为考察对象，对创业型大学的内涵、特征、发展模式进行了深入研究，并将创业型大学研究成果应用于农林本科院校的转型发展，为这类高校的改革发展提供了一种新途径。

7.1　结论

（1）本书对创业型大学的本质与特征提出了新的认识。从创业型大学的本质出发，本书对其形成的要素进行了梳理和分析，认为创业型大学是充分利用区域与国家经济发展过程中出现的新机会，通过组织创新、职能拓展，将学术资源转化为学术资本，并利用学术资本带来的发展资源，不断发展壮大的新型大学。创业型大学的本质是具有变革和创新精神的大学的学术创业，是大学通过主动调整内部的生产关系，解放生产力的实践。创业型大学在组织、职能、文化等方面具有独有的特征。在组织方面，具有强有力的领导核心和跨越传统边界的创新组织；在职能方面，创业精神有机地嵌入教学、科研和服务经济社会发展中，作为创新创业文化的策源地，弘扬发展创新创业文化；在文化方面，体现为多种文化的冲突和融合。

（2）创业型大学可分为创新性创业型大学和应用性创业型大学两种类型。根据学术资源在知识领域的高深程度，将学术资源分为尖端学术资源和普通学术资源；根据学术资源转化为学术资本的难易程度，将学术资源分为应用性学术资源和基础性学术资源。按照学术资源的尖端性和应用性两个维度及其强弱组合，将学术资源分为四类：一是尖端—应用学术资源，二是普通—应用技术，三是普通—基础技术，四是尖端—基础技术。因此，将创业型大学分为两类：利用尖端—应用性学术资源转化为学术资本的创业型大学为创新性创业型大学；利用普通—应用性学术资源转化为学术资本的创业型大学称为应用性创业型大学。

（3）本书建立了应用性创业型大学的创业模型，提出应用性创业型大学发展模式。本书应用 Timmons 的创业理论，建立了应用性创业型大学的创业模型，并从创业机会、创业资源、创业团队三个维度，演绎出向应用性创业型大学转型发展的模式。创业机会维度包括寻找创业机会，制定发展战略。创业资源维度包括充分利用现有资源，开发拓展新资源，通过协同创新、协同育人激活重要的人力资源。创业团队（创业者）维度包括完善校级领导层的组织机构，加强制度创新，培育以创新创业为特征的大学文化等。通过将创业三要素与创业型大学发展的内部机制进行对应梳理，形成了应用性创业型大学的发展模式：寻找创业机会（理念、战略）、激活创业资源（组织、人事）、组建创业团队（领导、文化）。

（4）农林本科院校向创业型大学转型是实施生态分离策略和关键生态位策略的重要战略选择。农林本科院校拥有丰厚的农林资源和明显的农林属性，在高等教育系统中有着独特的功能和地位，但是由于泛化发展，与其他类型院校生态位重叠的现象突出，竞争关系更加激烈。农林本科院校要获取更多生存发展资源，实现跨越式发展，就要实施生态位分离策略和关键生态位策略。应用性创业型大学发展模式符合生态位分离策略和关键生态位策略的目标要求，农林本科院校选择向应用性创业型大学转型是巩固生态位的现实需要，是实现生态位跃迁的历史要求，是适应基础上的超越。

（5）本书提出了农林本科院校向应用性创业型大学转型的基本模式及转型发展策略。本书根据应用性创业型大学发展模式研究的成果，结合农林本科院校的自身特点，从组建创业团队、寻找创业机会、激活创业资源三个方面构建了农林本科院校向创业型大学转型的基本模式；并从转变发展理念、改造组织结构、突显创业特征、推动教师转型、促进文化融合五个方面提出了转型的具体策略。这为农林本科院校向应用性创业型大学转型发展提供了基本依据。

（6）本书提出了农林本科院校向创业型大学转型的原则和制度保障，绘制了转型发展战略地图。从转型发展的实践层面，提出转型所要遵循的整体性、动态性、开放性三个原则；根据新制度经济学理论，分析了农林本科院校向创业型大学转型的制度变迁，从外在制度和内在制度两方面给出了保障转型成功的制度建设内容；根据战略地图理论，将农林类创业型大学的战略目标分为职能发挥、内部运营、学习与成长三个层面，并根据它们之间的关系绘制了学校转型的战略地图，使转型推进要素可视化。这为农林本科院校实施转型发展提供了基本参考。

（7）本书以辽宁省属某农林本科院校为例，应用前述研究成果，对其转型发展进行战略分析与方案设计。书中应用战略规划工具 SWOT 分析法对该大学的优势、劣势、机遇和威胁进行分析，并从具体的省情、校情出发，运用本书取得的理论成果，从明确转型发展方向、深化组织机构改革、突显大学创业特征、完善师资队伍建设、推进创新创业文化建设等五方面，对该校向创业型大学转型进行了转型方案设计。

7.2 创新点

（1）本书将创业型大学分为创新性创业型大学和应用性创业型大学两种类型，建立了应用性创业型大学的创业模型，提出了应用性创业型大学发展模式。按照学术资源的尖端性和应用性两个维度及其强弱组合，书中将创业型大学分为两类：利用尖端—应用性学术资源转化为学术资本的创业型大学为创新性创业型大学；利用普通—应用性学术资源转化为学术资本的创业型大学称为应用性创业型大学。根据 Timmons 的创业理论，建立了应用性创业型大学的创业模型，并从创业机会、创业资源、创业团队三个维度，提出了应用性创业型大学发展模式。

（2）本书为农林本科院校向应用性创业型大学转型发展构建了基本模式，提出了推进转型发展的具体策略和制度保障。本书根据应用性创业型大学发展模式研究的成果，结合农林本科院校的自身特点，从组建创业团队、寻找创业机会、激活创业资源三个方面构建了农林本科院校向创业型大学转型的基本模式；从转变发展理念、改造组织结构、突显创业特征、推动教师转型、促进文化融合五个方面提出了推进转型发展的具体策略；提出转型发展要遵循的整体性、动态性、开放性原则；从外在和内在制度建设两方面给出了保障转型成功的制度建设内容。

（3）本书从生态位视角论述了农林本科院校向创业型大学转型的必要性和适切性，指出转型发展是农林本科院校实施生态位分离策略和关键生态位策略的战略选择。农林本科院校由于泛化发展，在高等教育系统中与其他类型院校生态位重叠的现象突出，在激烈竞争中处于劣势；农林本科院校要在激烈的院校竞争中脱颖而出，就要实施生态位分离策略和关键生态位策略；农林本科院校向应用性创业型大学转型发展，符合生态位分离策略和关键生态位策略的目标要求，是巩固生态位的现实需要，是实现生态位跃迁的历史要求，是在适应基础上的超越。

7.3　展望

本书在前人的基础上引入了新的研究理论和研究视角，在一定程度上丰富了创业型大学理论，但由于创业型大学是一种新的大学发展模式和实践探索，学界对创业型大学的研究正处在不断的发展过程中，有些问题还有待进一步深入研究，有些研究方法还有待进一步的科学化。概括来说，本书需要进一步完善的方面主要有：

一是对创业型大学的内在机理的分析还不深刻。将学术资源转化为学术资本的内在机理还需要进行深刻的挖掘和分析，如何将转化的"黑箱"以更直观的方式全面、客观地呈现出来，应是下一步研究的重点问题。

二是缺乏定量研究，研究的客观性稍显不足。本书是在国内外创业型大学的广泛实践基础上的经验性研究，侧重对问题的定性研究。采用定性研究虽然是由研究对象和研究的问题的特殊性决定的，但是由于缺乏较为直观的定量研究，研究结论的客观性和科学性还显不足。

三是创业型大学的后续研究还有待加强。创业型大学建设的风险控制、冲突管理等是创业型大学建设不可回避的问题，由于研究的侧重和研究精力的限制，没有涉及这方面的问题，值得进一步深入研究。

随着知识经济的到来，新公共政策的推广（对公共事业的拨款越来越强调绩效导向）以及大学自身发展的深入完善，大学的创业趋向越发明显。有的大学明确提出了建设创业型大学的战略目标，更多的大学虽然没有举起创业型大学的大旗，但却已经开始了创业型大学的实践。创业型大学的本质要求大学拆除内在的"围墙"，与产业、政府开展广泛合作，与国家和区域经济社会协同发展。这一发展策略对于部分地方本科高校和行业类高校的转型发展具有重要的意义。可以预见，随着创新驱动发展战略的深入实施，社会对创新成果和创新创业人才的巨大需求，将会催生出更多的创业型大学。创业型大学作为大学发展的一种新模式，将会得到更多人的认可和推崇。

参考文献

[1] 张庆祝，周丽．多视角下的地方本科高校转型发展思考 [J].高等农业教育，2016(12)：30.

[2] 张庆祝，朱泓 ，李志义．创新创业教育的时代背景、动力及保障机制探讨 [J].高等工程教育研究，2017(3)：123-124.

[3] 李培凤．我国大学跨界协同创新的耦合效应研究——基于 SCI 合作论文的互信息计量 [J].复旦教育论坛，2015(2)：42.

[4] 王雁．创业型大学：美国研究型大学模式变革的研究 [D].杭州：浙江大学，2005.

[5] 邹晓东，陈汉聪．创业型大学：概念、内涵、组织特征与实践路径 [J].高等工程教育研究，2011(3)：23.

[6] 付八军．教师转型与创业型大学建设 [M].北京：中国社会科学出版社，2016：32.

[7] 邹晓东，陈汉聪．创业型大学：概念、内涵、组织特征与

实践路径 [J]. 高等工程教育研究，2011(3)：24-25.

[8] 温正胞. 创业型大学：比较与启示 [D]. 上海：华东师范大学，2008.

[9] 胡春光，黄文彬. 创业型大学的组织转型及其启示 [J]. 北京教育，2005(7)：14-16.

[10] 马陆亭，陈霞玲. 欧美创业型大学的典型与借鉴 [J]. 中国高等教育，2013(2)：32.

[11] 彭宜新，邹珊刚. 从研究到创业——大学职能的演变 [J]. 自然辩证法研究，2003(4)：35.

[12] 宣勇，张鹏. 论创业型大学的价值取向 [J]. 教育研究，2012(4)：32.

[13] 彭旭梅. 创业型大学的兴起与发展研究 [D]. 大连：大连理工大学，2008.

[14] 陈霞玲，马陆亭 .MIT 与沃里克大学：创业型大学运行模式的比较与启示 [J]. 高等工程教育，2012(12)：113-115.

[15] 吴伟，石变梅，余晓. 欧美创业型大学的异化发展、趋同演变及其意蕴 [J]. 现代教育管理，2012(2)：18.

[16] 高翔，胡俊鹏，张俊杰. 农业科技推广的现状、发展思路与对策 [J]. 中国农业科技导报，2002(2)：12.

[17] 杨映辉. 农业推广的国际比较 [J]. 中国农技推广，2004

（4）：26.

[18] 翟振元.高等农业教育改革要适应"三农"新变化 [N].中国教育报，2009(3)：1.

[19] 周菊红.高等农业院校科技兴农工作运行机制研究——以南京农业大学为例 [D].南京：南京农业大学，2007.

[20] 柏振忠.现代农业视角下的农业科技推广人才需求研究 [D].武汉：华中农业大学，2011.

[21] 张亮.我国新型农民培训模式研究 [D].保定：河北农业大学，2010.

[22] 卢现祥.新制度经济学 [M].武汉：武汉大学出版社，2004：23.

[23] 伯顿·克拉克著.建立创业型大学：组织上转型的途径 [M].王承绪译北京：人民教育出版社，2003：2.

[24] 高明.英美创业型大学管理模式比较及启示 [D].沈阳：东北大学，2012.

[25] 王梅.创业型大学——一个新的大学理念之践履 [D].兰州：兰州大学，2011.

[26] 创业型大学组织特征探究 [EB/OL].（2015，9，16）.http://www.docin.com.

[27]MIT 校长报告——1963-1964 年度 [R].北京：清华大学

教育研究所 .

[28] 孔钢城，王孙禺 . 创业型大学的崛起与转型动因 [M]. 北京：社会科学文献出版社，2015：36-38.

[29] 许超 . 高校共青团组织在创业教育中作用的调查分析 [D]. 合肥：安徽工程大学，2016.

[30] 陈笃彬 . 地方高校建设创业型大学的理论与实践 [M]. 福州：福建教育出版社，2016.3：44.

[31] 福州大学中长期发展规划纲要（征求意见稿）[EB/OL]. （2016）.http://www.docin.com.

[32] 翁默斯 . 我国地方院校向创业型大学转型的多案例研究 [D]. 杭州：浙江工业大学，2012.

[33] 亨利•埃茨科威兹著 . 麻省理工学院与创业科学的兴起 [M]. 王孙愚，等译 . 北京：清华大学出版社，2007：12-27.

[34] 杰弗里•蒂蒙斯著 . 战略与商业机会 [M]. 周伟民，等译 . 北京：华夏出版社，2002：39-40.

[35] 郭艳静 . 温州大学瓯江学院创业人才培养模式研究 [D]. 石家庄：河北大学，2015.

[36] 约翰•S. 布鲁贝克 . 高等教育哲学 [M]. 杭州：浙江教育出版社，2001：125.

[37] 候定凯 . 高等教育社会学 [M]. 桂林：广西师范大学出版

社，2004：156.

[38] 王钟斌.创业型大学发展的成功经验及启示 [D].杭州：浙江工业大学，2012.

[39] 易高峰.崛起中的创业型大学：基于研究型大学模式变革的视角 [M].上海：上海交通大学出版社，2011：23.

[40] 李培凤.基于三螺旋创新理论的大学发展模式变革研究 [D].太原：山西大学，2015：43.

[41] 潘懋元，朱国仁.高等教育的基本功能：文化选择与创造 [J].高等教育研究，1995(1)：55-58.

[42] 迈克尔·吉本斯等著.知识生产的新模式：当代社会科学与研究的动力学 [M].陈洪捷，沈文钦，等译.北京：北京大学出版社，2011：20.

[43] 陈霞玲，马陆亭.MIT 与沃里克大学：创业型大学运行模式的比较与启示 [J].高等工程教育，2012(12)：113-115.

[44] 方华梁，陈艾华.内外部协同支持：美国创业型技术大学转移的模式 [J].中国高校科技，2015(8)：8.

[45] 吴淑娟.新建本科院校内部教育资源配置的问题与对策 [J].高等教育研究，2007(7)：12.

[46] 张鹏.大学学术资源共享平台的构建：困境与出路 [J].当代教育论坛(管理版)，2010(1).

[47] 方华梁，陈艾华．内外部协同支持：美国创业型技术大学转移的模式 [J]. 中国高校科技，2015(8)：32.

[48] 教育部 财政部关于实施高等学校创新能力提升计划的意见 [EB/OL].http: //big5.xinhua net.com.

[49] 夏仕武．学术研究与创收经营两位一体的大学发展研究——来自沃里克大学的成功实践 [J]. 辽宁教育研究，2006（1）：27-30.

[50] 国务院关于印发实施《中华人民共和国促进科技成果转化法》若干规定 [EB/OL].http: //www.gov.cn/zhengce/content/2016-03/02/content_5048192.htm .

[51] 龙超云，曲福田．英国大学的战略定位及其启示 [J]. 高等教育研究，2006(01)：12-13.

[52] 朱立军．高等农业院校改革与发展中若干问题的探讨 [J]. 高等农业教育，2006,（4）：14-16.

[53] 吴敬琏．发展中国高新技术产业制度重于技术 [M]. 北京：中国发展出版社，2002：5.

[54] 全面推进 重点突破 加快实现农业现代化——农业部部长韩长赋就《全国农业现代化规划（2016—2020 年）发布答记者问》[J]. 吉林农业，2016(10)：24.

[55] 陈然．我国高等农林本科院校发展问题研究 [D]. 厦门：

厦门大学，2008.

[56] 段德君.高等农林院校科学研究生产函数研究 [J].农业技术经济，2004(3)：31-34.

[57] 布鲁贝克著.高等教育哲学 [M].杭州：王承绪，徐辉，等译浙江教育出版社，2001：01.

[58] 阿什比.科技发达时代的大学教育 [M].北京：人民教育出版社，1983：7.

[59] 周亚坤.基于网络的林业科技成果推广服务体系研究 [D].北京：中国林业科学研究院，2005：128.

[60] 聂海.大学农业科技推广模式研究 [D].咸阳：西北农林科技大学，2007：48.

[61] 付八军.教师转型与创业型大学建设 [M].北京：中国社会科学出版社，2016：181.

[62] 刘铸，张庆祝.关于新时期开展创新创业教育的思考与实践 [J].中国高等教育，2016(21).

[63] 付八军.教师转型与创业型大学建设 [M].北京：中国社会科学出版社，2016：210.

[64] 沈阳农业大学学校简介 (门户网) [EB/OL].http://www.syau.edu.cn/.

[65] 沈阳农业大学 [J].招生考试通讯(高考版)，2016(08)：1.

[66]"十三五"农业农村科技创新专项规划 [J].农业工程技术，2017(06)：25.

[67]杨宇，张美华，汪景宽，等.强化学科群建设，促进学科快速发展 [J].高等农业教育，2008(5)：15.

[68]教民稼穑 树艺五谷——沈阳农业大学科研基地简介 [J].中国农村科技，2015(01)：10.

[69]李国杰，张玉龙，等.高等农业教育服务辽宁老工业基地振兴的路径探索与实践——以沈阳农业大学服务实践为例.辽宁教育研究，2008(06)：25.

[70]陈然.我国高等农林本科院校发展问题研究 [D].厦门：厦门大学，2008.

[71]冒澄.试论创新背景下的创业型大学建设 [J].教育发展研究，2007(11).

[72]张荃.关于欧洲创业型大学特点的讨论 [J].江苏高教，2002(4).

[73]王雁，孔寒冰，王沛民.创业型大学：研究型大学的挑战和机遇 [J].高等教育研究，2003(3)：23

[74]李世超，苏竣.大学变革的趋势——从研究型大学到创业型大学 [J].科学学研究，2006(8).

[75]吴志兰，曾晓东.企业家精神引入美国大学路径探析 [J].

比较教育研究，2003(12).

[76] 张鹏，宣勇.创业型大学学术运行机制的构建 [J].教育发展研究，2011(9).

[77] 马志强.创业型大学崛起的归因分析 [J].江西教育科研，2006(7)：22.

[78] 王群.预创业：高校创业型人才培养模式新探索 [J].福州大学学报(哲学社会科学)，2004(5)：22-24.

[79] 彭绪梅，许振亮，刘元芳，等.创业型大学国外研究热点探析：共词可视化视角 [J].清华大学教育研究，2007(6)：12-14.

[80] 洪成文.企业家精神与沃里克大学的崛起 [J].比较教育研究，2001(2)：125-156.

[81] 胡春光，黄文彬.创业型大学的组织转型及其启示 [J].北京教育，2005(7)：14-16.

[82] 睦依凡.大学者，大学文化之谓也 [J].教育发展研究，2004(4)：39-45.

[83] 余瑾.特色办学：地方人学发展的必然选择 [J].高教论坛，2004(12)：20-24.

[84] 董美玲."斯坦福—硅谷"高校企业协同发展模式研究 [J].科技管理研究，2011(18)：23-26.

[85] 彭宜新, 邹珊刚. 从研究到创业——大学职能的演变 [J]. 自然辩证法研究, 2003(4): 12-16.

[86] 刘贵华. "特色高校" 道路是我国普通高校生存与发展的现实选择 [J]. 黑龙江高教研究, 1997(3): 11-12.

[87] 李训贵. 融合与跨越: 新组建地方大学人才培养的改革与实践 [J]. 教育发展研究, 2004(12).19-21.

[88] 杨兴林. 关于创业型大学的四个基本问题 [J]. 高等教育研究, 2012(12): 31.

[89] 王晓方. 世界农业科技发展概览 [M]. 北京: 中国农业科学技术出版社, 2005: 65.

[90] 刘铁. 中国高等教育办学体制研究 [D]. 厦门: 厦门大学, 2003.

[91] 伍振族. 中国大学教育发展史 [M]. 台北: 三民书局, 1983: 65.

[92] 熊明安. 中国高等教育史 [M]. 重庆: 重庆出版社, 1983: 76.

[93] 余立. 中国高等教育史 (上下册) [M]. 上海: 华东师范大学出版社, 1994: 14-15.

[94] 李国杰, 杨思尧, 李露萍. 高等农业教育适应我国农业发展趋势的策略研究 [J]. 高等农业教育, 2007(2): 12-15.

[95] 储常林.西北高等农林教育史 [M].北京：中国农业出版社，1995.

[96] 刘斌，张兆刚，霍功.中国三农问题报告——问题·现状·挑战·对策 [M].北京：中国发展出版社，2004.

[97] 陈厚丰.中国高等学校分类与定位问题研究 [M].长沙：湖南大学出版社，2004.

[98] 丁学良.什么是世界一流大学 [J].高等教育研究，2001(3).

[99] 教育部高校学生司.2005 年全国博士研究生招生专业目录 [M].北京：北京师范大学出版社，2004.

[100] 刘志民，张松，倪浩.美国高等农业教育发展道路与模式探索 [J].比较教育研究，2005(5)：33-37.

[101] 刘志民.国内大学排行榜视角下的农林院校境况分析 [J].教育与现代化，2007(6)：55-61.

[102] 刘志民.重点农林院校谨防掉入"规模陷阱" [J].中国高教研究，2003(8)：34-35.

[103] 饶远林.农业院校大学生社会实践活动探析 [J].科技创新导报，2008(4)：236-237.

[104] 史孔仕，李伯锵.高等农业院校毕业生就业观调查研究——以广东省该农业院校为例 [J].中国农业教育，2006(6)：48-49.

[105] 吴国星，陶玫，何霞红．农业院校大学生就业难的主观因素及对策 [J]．黑龙江生态工程职业学院院报，2008，21（2）：68-69．

[106] 肖芬．高等农业院校专业设置状况分析 [J]．中国农业教育，2006（5）：20-22．

[107] 杨秀芹，刘贵友，周艳球．高等农林院校发展困境及路径选择 [J]．中国农业教育，2007（1）：22-23．

[108] 余斌，郭刚奇，程华东．创新教育质量关，不断提高高等农业教育教学质量 [J]．高等农业教育，2006（12）：35-38．

[109] 史云峰，周玉生，朱蕃．高等农业院校学院设置的比较分析 [J]．中国农业教育，2007（1）：39-41．

[110] 胡浩民．立足社会主义新农村建设促进高等农业院校新发展 [J]．华南农业大学学报（社会科学版），2008，7（2）：1-5．

[111] 金锦珠，刘亚珍，屠康．对我国农业院校硕士研究生教育与人才培养模式的思考 [J]．科技创新导报，2008（3）：242-243．

[112] 库天梅，江青艳，黄文勇．高等农业院校的办学定位与发展战略选择 [J]．高教探索，2007（2）：107-109．

[113] 李峰，潘晓华，刘寿发．加强高等农业院校科研机构创新能力的对策 [J]．安徽农业科学，2008，36（4）：36-37，43．

[114] 张文峰．刍议区域性农业院校内涵发展路径选择—兼

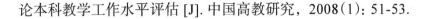

论本科教学工作水平评估 [J]. 中国高教研究，2008(1)：51-53.

[115] 张庆祝，宋晶. 建立和完善高校毕业生就业服务体系的理论思考 [J]. 高等农业教育，2013(2)：16.

[116] 张庆祝. 在创业型大学建设中推进创业教育 [J]. 创新与创业教育，2014(1)：39.

[117] 张庆祝. 解析创业型大学的内涵、特征 [J]. 创新与创业教育，2018(4)：6-7.

[118]Smuel C.Prescott.When MIT was "Boston Tech" [M]. The Technology Press，1954：331-336.

[119]Roberts，E. B.&Peters，D. H. Commercial innovation from university faculty[M].Research Policy，1981，10（2）：108-126.

[120]Segal，N. S. Universities and technological entrepreneurship in Britain：Some implications of the Cambridge phenomenon[J].Technovation，1986，4(3)：189-204.

[121]Louis K S，Blumenthal D，Gluck M E，et al. Entrepreneurs in academe: An exploration of behaviors among life scientists[J] .Administrative Science Quarterly，1989：110-131.

[122]Louis K S，Jones L M，Anderson M S，et al. Entrepreneurship，secrecy，and productivity: A comparison of clinical

and non-clinical life sciences faculty[J] The Journal of Technology Transfer, 2001, 26(3): 233-245.

[123] Lee Y S. The sustainability of university-industry research collaboration: An empirical assessment[J].The Journal of Technology Transfer, 2000, 25(2): 133.

[124]Lee Y S. Technology transfer and the research university: A search for the boundaries of university—industry collaboration[M]. Research Policy, 1996, 25(6): 843-863.

[125]Owen-Smith J. From separate systems to a hybrid order: Accumulative advantage across public and private science at research one universities[J]. Research Policy, 2003, 32 (6): 1081-1104.

[126]Mowery D C, Nelson R R, Sampat B N, et al. The growth of patenting and licensing by US universities: An assessment of the effects of the Bayh-Dole act of 1980[J].Research Policy, 2001, 30(1): 99-119.

[127]Mowery D C, Sampat B N. Patenting and licensing university inventions: Lessons from the history of the research corporation[J].Industrial and Corporatetrans Transformation, 2001, 10 (2): 317-355.

[128]Mowery D C, Sampat B N. University patents and patent policy debates in the USA, 1925-1980[J].Industrial and Corporate Transformation, 2001, 10(3): 781-814.

[129]Rothaenne F. T., Agung S. D, Jiang, L. University en-Trepreneurship: ataxonomy of the literature[J].Industrial and Corporate Transformation,2007(4): 69I-791.

[130]Leydesdorff L.Betweenness centrality as an indicator of the interdisciplinarity of scientific journals[J]. Journal of the American Society for Information Science and Technology, 2007 58(9), 1303-1319.

[131]Etzkowitz H. The norms of entrepreneurial science: cognitive effects of the new university-industry linkages[J].Research Policy 1998, 27(8): 823-833.

[132]Etzkowitz H. Research groups : the invention of the entrepreneurial university. [J]. Research Policy, 2003, 32(1): 109-121.

[133]Di Gregorio, D.&Shane, S. Why do some universities generate more start-ups than others. [J].Research Policy, 2003, 32(2), 209-227.

[134]Shane, S. A. Academic entrepreneurship: University spin-offs and wealth creation. [J].Edward Elgar Publishing.2004(2).

[135]Schumpeter, J. A. The theory of economic development: An inquiry into profits, capital, credit, interest, and the business cycle [J].Transaction Publishers, 1934.

[136]Etzkowitz H, Leydesdorff L. The Triple Helix University industry government relations: A laboratory for knowledge based economic development. [J].Easst Review, 1995,14(1): 14-9.

[137]Etzkowitz H, Leydesdorff L. A Triple Helix of Academic Industry Government Relations: Development models beyond Capitalism versus Socialism. [J].Current Science, 1996(70): 690-693.

[138]Wagner, C. S. The new invisible college [M]. Washing, DC: brooking press,2008.

[139] Lengyel Balazs, Leydesdorf, L. Regional innovation systems in Hungary[J].The failing synergy at the national level.Regional Studies, 2011, 45(5): 677-693.

[140] Park, HW, Hong, HD, Leydesdor. A comparison of the knowledge based innovation systems in the economies of South Korea and the Netherlands Triple Helix Indicators[J]. Scientometrics, 2005, 65(1): 23-27.

[141] Crow M M. Building an entrepreneurial university[C]. The future of the Research University Meeting. 2008.

索引